학년별 학습 구성

수학 영역	1학년 | 1~2학기	2학년 | 1~2학기	3학년 | 1~2학기
수와 연산	• 한 자리 수 • 두 자리 수 • 덧셈과 뺄셈	• 세 자리 수 • 네 자리 수 • 덧셈과 뺄셈 • 곱셈 • 곱셈구구	• 세 자리 수의 덧셈과 뺄셈 • 곱셈 • 나눗셈 • 분수 • 소수
변화와 관계	• 규칙 찾기	• 규칙 찾기	
도형과 측정	• 여러 가지 모양 • 길이, 무게, 넓이, 들이 비교하기 • 시계 보기	• 여러 가지 도형 • 시각과 시간 • 길이 재기(cm, m)	• 평면도형, 원 • 시각과 시간 • 길이, 들이, 무게
자료와 가능성		• 분류하기 • 표와 그래프	• 그림그래프

나의 목표와 다짐을 적어 주세요.

2단원

3단원

	1일차	2일차	3일차	4일차	5일차	이번 주 스스로 평가
2주	09~10회 038~045쪽	11회 046~049쪽	12~13회 050~053쪽	14~15회 056~063쪽	16~17회 064~071쪽	매우 잘함　보통　노력 요함
	월　일	월　일	월　일	월　일	월　일	

4단원

이번 주 스스로 평가	5일차	4일차	3일차	2일차	1일차	
매우 잘함　보통　노력 요함	24~25회 094~097쪽	23회 090~093쪽	22회 086~089쪽	20~21회 078~085쪽	18~19회 072~075쪽	**3주**
	월　일	월　일	월　일	월　일	월　일	

총정리

	1일차	2일차	3일차	4일차	5일차	이번 주 스스로 평가
6주	39회 150~153쪽	40회 154~157쪽	41회 158~161쪽	42~43회 162~165쪽	44회 166~168쪽	매우 잘함　보통　노력 요함
	월　일	월　일	월　일	월　일	월　일	

학습 진도표

사용 설명서

1 공부할 날짜를 빈칸에 적습니다.

2 한 주가 끝나면 스스로 평가합니다.

1단원

	1일차	2일차	3일차	4일차	5일차	이번 주 스스로 평가
1 주	01~02회 008~015쪽	03회 016~019쪽	04~05회 020~027쪽	06회 028~031쪽	07~08회 032~035쪽	😄 매우 잘함 😐 보통 😣 노력 요함
	월 일	월 일	월 일	월 일	월 일	☐ ☐ ☐

5단원

	이번 주 스스로 평가	5일차	4일차	3일차	2일차	1일차	
	😄 매우 잘함 😐 보통 😣 노력 요함	32회 124~127쪽	31회 120~123쪽	30회 116~119쪽	28~29회 108~115쪽	26~27회 100~107쪽	**4 주**
	☐ ☐ ☐	월 일	월 일	월 일	월 일	월 일	

6단원

	1일차	2일차	3일차	4일차	5일차	이번 주 스스로 평가
5 주	33회 128~131쪽	34회 132~135쪽	35~36회 136~139쪽	37회 142~145쪽	38회 146~149쪽	😄 매우 잘함 😐 보통 😣 노력 요함
	월 일	월 일	월 일	월 일	월 일	☐ ☐ ☐

수학은 **수와 연산 영역이 모든 영역의 문제를 푸는 데 연계**되기 때문에
모든 단원에서 연산 학습을 해야 완벽한 수학 기초 실력을 쌓을 수 있습니다.
특히 초등 수학은 **연산 능력이 바탕인 수학 개념이 많기** 때문에
모든 단원의 개념을 기초로 연산 실력을 다져야 합니다.

큐브 연산

4학년 │ 1~2학기	**5학년** │ 1~2학기	**6학년** │ 1~2학기
• 큰 수 • 곱셈과 나눗셈 • 분수의 덧셈과 뺄셈 • 소수의 덧셈과 뺄셈	• 약수와 배수 • 수의 범위와 어림하기 • 자연수의 혼합 계산 • 약분과 통분 • 분수의 덧셈과 뺄셈 • 분수의 곱셈, 소수의 곱셈	• 분수의 나눗셈 • 소수의 나눗셈
• 규칙 찾기	• 규칙과 대응	• 비와 비율 • 비례식과 비례배분
• 각도 • 평면도형의 이동 • 수직과 평행 • 삼각형, 사각형, 다각형	• 합동과 대칭 • 직육면체와 정육면체 • 다각형의 둘레와 넓이	• 각기둥과 각뿔 • 원기둥, 원뿔, 구 • 원주율과 원의 넓이 • 직육면체와 정육면체의 겉넓이와 부피
• 막대그래프 • 꺾은선그래프	• 평균 • 가능성	• 띠그래프 • 원그래프

큐브 연산

초등 수학

3·1

구성과 특징

1 전 단원 연산 학습을 수학 교과서의 단원별 개념 순서에 맞게 구성

연산 단원만 학습하니
연산 실수가 생기고
연산 학습에 구멍이 생겨요.

큐브 연산

교과서 개념 순서에 맞춰 모든 단원의 연산 학습을 해야
기초 실력과 연산 실력이 동시에 향상돼요.

- 수와 연산
- 도형과 측정
- **큐브 연산**
- 변화와 관계
- 자료와 가능성

2 하루 4쪽, 4단계 연산 유형으로 체계적인 연산 학습

일반적인 연산 학습은
기계적인 단순 반복이라
너무 지루해요.

큐브 연산

개념 → 연습 → 적용 → 완성 체계적인 4단계 구성으로
연산 실력을 효과적으로 키울 수 있어요.

- 개념
- 연습
- 적용
- 완성

3 연산 실수를 방지하는 TIP과 문제 제공

같은 연산 실수를 반복해요.

큐브 연산

학생들이 자주 실수하는 부분을 콕 짚고 실수하기
쉬운 문제를 집중해서 풀어 보면서 실수를 방지해요.

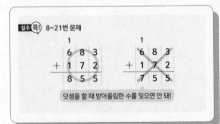

실수 콕! 8~21번 문제

```
      1
    6 8 3
  + 1 7 2
  ─────────
    8 5 5
```

```
      1
    6 8 3
  + 1 7 2
  ─────────
    7 5 5
```

덧셈을 할 때 받아올림한 수를 잊으면 안 돼!

하루 4쪽 4단계 학습

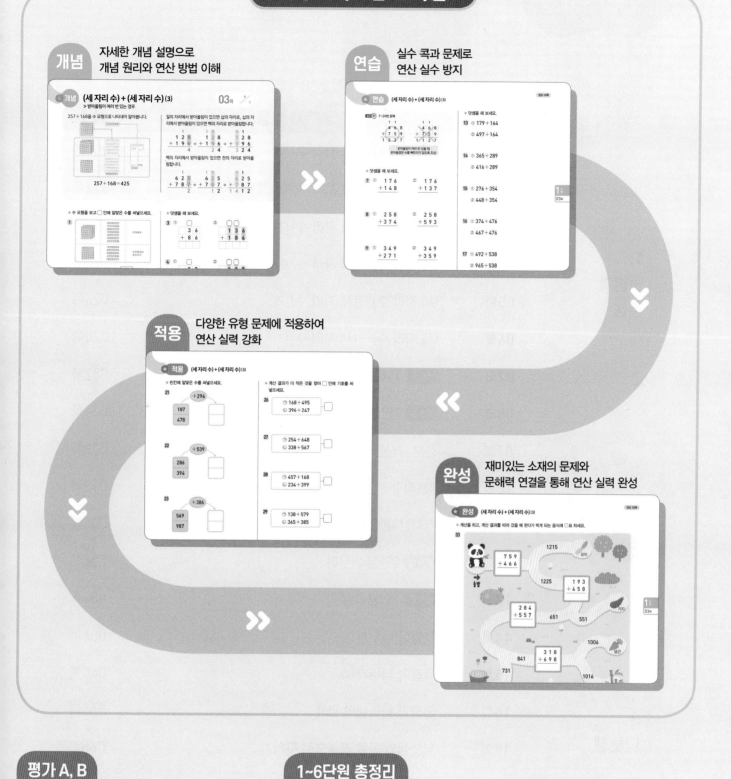

개념 자세한 개념 설명으로 개념 원리와 연산 방법 이해

연습 실수 콕과 문제로 연산 실수 방지

적용 다양한 유형 문제에 적용하여 연산 실력 강화

완성 재미있는 소재의 문제와 문해력 연결을 통해 연산 실력 완성

평가 A, B

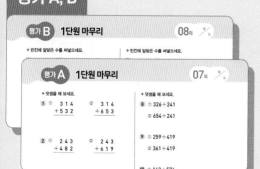

1~6단원 총정리

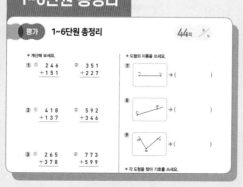

단원별 평가와 전 단원 평가를 통해 연산 실력 점검

차례

1

덧셈과 뺄셈

학습을 끝낸 후
색칠하세요.

[2-1] 덧셈과 뺄셈
받아올림이 있는 두 자리 수의 덧셈
받아내림이 있는 두 자리 수의 뺄셈

다음에 배울 내용

[4-2] 분수의 덧셈과 뺄셈
분모가 같은 분수의 덧셈
분모가 같은 분수의 뺄셈

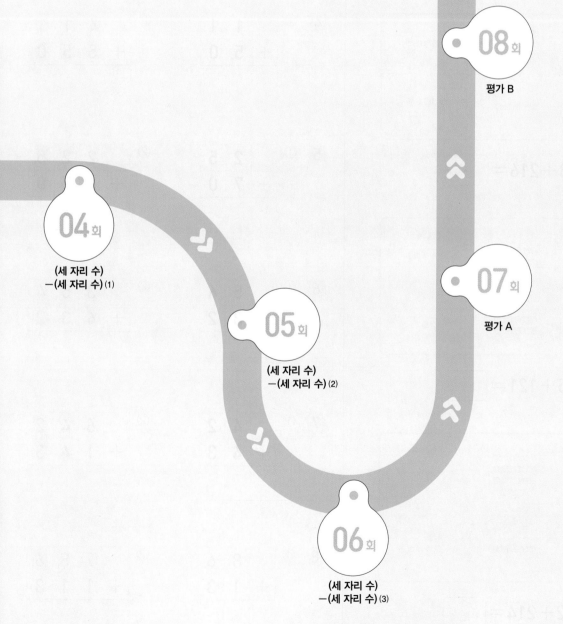

08회
평가 B

04회
(세 자리 수)
－(세 자리 수) (1)

05회
(세 자리 수)
－(세 자리 수) (2)

07회
평가 A

06회
(세 자리 수)
－(세 자리 수) (3)

324+215를 수 모형으로 나타내어 알아봅니다.

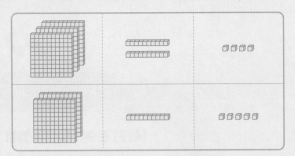

$$324+215=539$$

일의 자리, 십의 자리, 백의 자리의 순서로 같은 자리 수끼리 각각 더합니다.

$$
\begin{array}{r}
1\ 5\ 2 \\
+\ 2\ 3\ 7 \\
\hline
9
\end{array}
\rightarrow
\begin{array}{r}
1\ 5\ 2 \\
+\ 2\ 3\ 7 \\
\hline
8\ 9
\end{array}
\rightarrow
\begin{array}{r}
1\ 5\ 2 \\
+\ 2\ 3\ 7 \\
\hline
3\ 8\ 9
\end{array}
$$

일의 자리: 2+7=9 ｜ 십의 자리: 5+3=8 ｜ 백의 자리: 1+2=3

◆ 수 모형을 보고 ◯ 안에 알맞은 수를 써넣으세요.

1

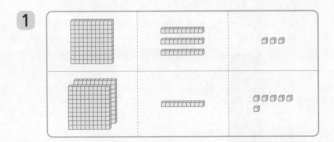

$$133+216=\boxed{}$$

2

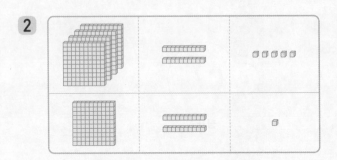

$$425+121=\boxed{}$$

3

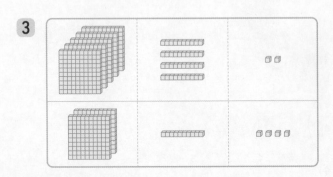

$$542+214=\boxed{}$$

◆ 덧셈을 해 보세요.

4 ①
$$
\begin{array}{r}
1\ 1 \\
+\ 5\ 0 \\
\hline
\end{array}
$$

②
$$
\begin{array}{r}
4\ 1\ 1 \\
+\ 5\ 5\ 0 \\
\hline
\end{array}
$$

5 ①
$$
\begin{array}{r}
2\ 5 \\
+\ 7\ 0 \\
\hline
\end{array}
$$

②
$$
\begin{array}{r}
2\ 2\ 5 \\
+\ 6\ 7\ 0 \\
\hline
\end{array}
$$

6 ①
$$
\begin{array}{r}
5\ 4 \\
+\ 3\ 2 \\
\hline
\end{array}
$$

②
$$
\begin{array}{r}
3\ 5\ 4 \\
+\ 4\ 3\ 2 \\
\hline
\end{array}
$$

7 ①
$$
\begin{array}{r}
4\ 2 \\
+\ 4\ 3 \\
\hline
\end{array}
$$

②
$$
\begin{array}{r}
6\ 4\ 2 \\
+\ 1\ 4\ 3 \\
\hline
\end{array}
$$

8 ①
$$
\begin{array}{r}
8\ 6 \\
+\ 1\ 3 \\
\hline
\end{array}
$$

②
$$
\begin{array}{r}
7\ 8\ 6 \\
+\ 1\ 1\ 3 \\
\hline
\end{array}
$$

 **연습** (세 자리 수) + (세 자리 수) (1)

실수 콕! 9~22번 문제

$$247+131 \rightarrow \begin{array}{r} 2\ 4\ 7 \\ +\ 1\ 3\ 1 \\ \hline 3\ 7\ 8 \end{array} \qquad \begin{array}{r} 2\ 4\ 7 \\ +\ 1\ 3\ 1 \\ \hline 1\ 5\ 5\ 7 \end{array}$$

같은 자리 수끼리 줄을 맞추어 쓴 후 계산해야 해.

◆ 덧셈을 해 보세요.

9 ①
$$\begin{array}{r} 1\ 3\ 5 \\ +\ 1\ 2\ 4 \\ \hline \end{array}$$
②
$$\begin{array}{r} 1\ 3\ 5 \\ +\ 2\ 4\ 3 \\ \hline \end{array}$$

10 ①
$$\begin{array}{r} 2\ 0\ 6 \\ +\ 1\ 1\ 3 \\ \hline \end{array}$$
②
$$\begin{array}{r} 2\ 0\ 6 \\ +\ 3\ 7\ 2 \\ \hline \end{array}$$

11 ①
$$\begin{array}{r} 3\ 4\ 1 \\ +\ 1\ 2\ 6 \\ \hline \end{array}$$
②
$$\begin{array}{r} 3\ 4\ 1 \\ +\ 6\ 1\ 8 \\ \hline \end{array}$$

12 ①
$$\begin{array}{r} 4\ 7\ 2 \\ +\ 2\ 0\ 5 \\ \hline \end{array}$$
②
$$\begin{array}{r} 4\ 7\ 2 \\ +\ 4\ 1\ 7 \\ \hline \end{array}$$

13 ①
$$\begin{array}{r} 5\ 6\ 2 \\ +\ 2\ 2\ 7 \\ \hline \end{array}$$
②
$$\begin{array}{r} 5\ 6\ 2 \\ +\ 3\ 1\ 6 \\ \hline \end{array}$$

14 ①
$$\begin{array}{r} 6\ 2\ 3 \\ +\ 1\ 5\ 6 \\ \hline \end{array}$$
②
$$\begin{array}{r} 6\ 2\ 3 \\ +\ 3\ 4\ 5 \\ \hline \end{array}$$

◆ 덧셈을 해 보세요.

15 ① $127+242$

② $231+242$

16 ① $421+254$

② $630+254$

17 ① $263+321$

② $431+321$

18 ① $142+336$

② $652+336$

19 ① $273+413$

② $554+413$

20 ① $137+522$

② $436+522$

21 ① $245+634$

② $364+634$

22 ① $124+713$

② $265+713$

1단원 01회

◆ 빈칸에 알맞은 수를 써넣으세요.

23
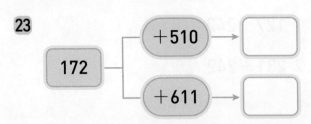

24
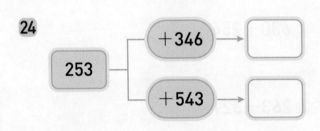

25
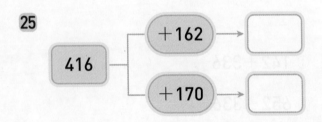

26
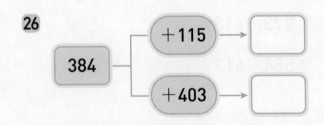

27
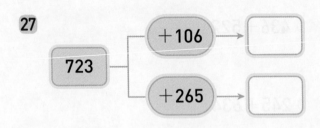

28

◆ 계산 결과를 비교하여 ○ 안에 >, =, <를 알맞게 써넣으세요.

29 $326+261$ ◯ $174+415$

30 $423+511$ ◯ $712+175$

31 $165+433$ ◯ $255+332$

32 $514+163$ ◯ $373+304$

33 $251+436$ ◯ $435+262$

34 $135+112$ ◯ $123+141$

35 $354+213$ ◯ $412+153$

36 $480+519$ ◯ $328+671$

★ 완성 (세 자리 수) + (세 자리 수) (1)

◆ 친구들이 간식을 2가지씩 골라 먹었습니다. 먹은 간식의 열량을 구하세요.
└→ 음식에 들어 있는 에너지

| 피자 1조각 362 킬로칼로리 | 핫도그 1개 243 킬로칼로리 | 케이크 1조각 257 킬로칼로리 | 머핀 1개 210 킬로칼로리 | 주스 1컵 110 킬로칼로리 |

37 나는 피자 1조각과 주스 1컵을 먹었어. 다은

362 + 110 = ☐ (킬로칼로리)

39 나는 케이크 1조각과 주스 1컵을 먹었어. 도현

☐ + ☐ = ☐ (킬로칼로리)

38 나는 핫도그 1개와 머핀 1개를 먹었어. 하준

243 + ☐ = ☐ (킬로칼로리)

40 나는 피자 1조각과 머핀 1개를 먹었어. 은서

☐ + ☐ = ☐ (킬로칼로리)

＋문해력

41 민호는 빨간색 끈 135 cm와 파란색 끈 251 cm를 가지고 있습니다. 민호가 가지고 있는 빨간색 끈과 파란색 끈의 길이의 합은 몇 cm일까요?

135 cm   251 cm

풀이 (빨간색 끈의 길이) + (파란색 끈의 길이)

= ☐ + ☐ = ☐

답 민호가 가지고 있는 빨간색 끈과 파란색 끈의 길이의 합은 ☐ cm입니다.

≫ 받아올림이 한 번 있는 경우

448+125를 수 모형으로 나타내어 알아봅니다.

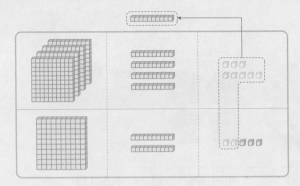

448+125=573

같은 자리 수끼리의 합이 10이거나 10보다 크면 바로 윗자리로 받아올림합니다.

```
    1              1              1
  1 2 7          1 2 7          1 2 7
+ 1 4 6    →   + 1 4 6    →   + 1 4 6
      3            7 3          2 7 3
```

```
  2 5 1          2 5 1        1 2 5 1
+ 3 9 1    →   + 3 9 1    →   + 3 9 1
      2            4 2          6 4 2
```

◆ 수 모형을 보고 ☐ 안에 알맞은 수를 써넣으세요.

1

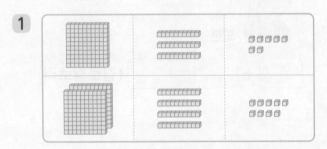

137+249= ☐

2

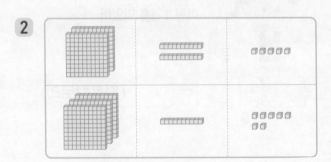

225+317= ☐

3

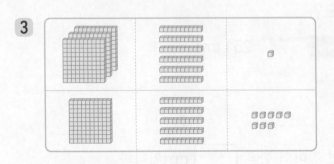

361+158= ☐

◆ 덧셈을 해 보세요.

4 ①

```
    3
+   8
```

②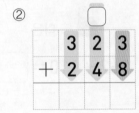

```
  3 2 3
+ 2 4 8
```

5 ①

```
    9
+   3
```

②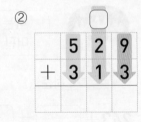

```
  5 2 9
+ 3 1 3
```

6 ①

```
  5 0
+ 5 0
```

②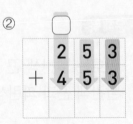

```
  2 5 3
+ 4 5 3
```

7 ①

```
  2 0
+ 9 0
```

②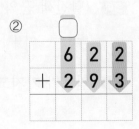

```
  6 2 2
+ 2 9 3
```

 **연습** (세 자리 수) + (세 자리 수) (2)

실수 콕! 8~21번 문제

```
     1                    1
   6 8 3              6 8 3
 + 1 7 2            + 1 7 2
 ─────────          ─────────
   8 5 5              7 5 5
```

덧셈을 할 때 받아올림한 수를 잊으면 안 돼!

◆ 덧셈을 해 보세요.

8 ①
```
   1 2 5
 + 1 4 8
 ───────
```
②
```
   1 2 5
 + 3 3 9
 ───────
```

9 ①
```
   2 1 8
 + 1 5 2
 ───────
```
②
```
   2 1 8
 + 4 2 6
 ───────
```

10 ①
```
   3 2 4
 + 2 2 7
 ───────
```
②
```
   3 2 4
 + 5 6 9
 ───────
```

11 ①
```
   4 6 3
 + 1 7 3
 ───────
```
②
```
   4 6 3
 + 3 8 5
 ───────
```

12 ①
```
   5 7 1
 + 2 5 2
 ───────
```
②
```
   5 7 1
 + 3 8 6
 ───────
```

13 ①
```
   6 8 6
 + 1 3 3
 ───────
```
②
```
   6 8 6
 + 2 4 2
 ───────
```

◆ 덧셈을 해 보세요.

14 ① $316 + 146$

② $439 + 146$

15 ① $413 + 277$

② $607 + 277$

16 ① $257 + 326$

② $534 + 326$

17 ① $479 + 419$

② $512 + 419$

18 ① $287 + 452$

② $391 + 452$

19 ① $172 + 533$

② $390 + 533$

20 ① $162 + 645$

② $294 + 645$

21 ① $183 + 681$

② $298 + 681$

1단원

02회

◆ 빈칸에 알맞은 수를 써넣으세요.

22

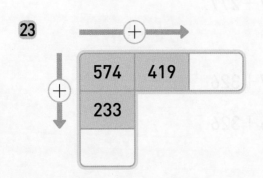

23

24

25

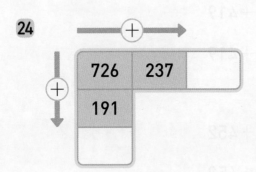

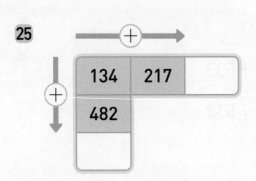

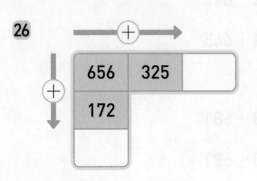

26

◆ 계산 결과가 더 큰 것에 ○표 하세요.

27

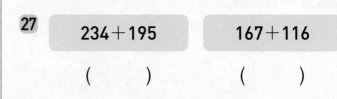

234 + 195	167 + 116
( )	( )

28

308 + 544	736 + 171
( )	( )

29

144 + 594	357 + 317
( )	( )

30

148 + 345	224 + 127
( )	( )

31

356 + 526	194 + 623
( )	( )

32

272 + 508	454 + 293
( )	( )

33

357 + 452	646 + 263
( )	( )

★ **완성** **(세 자리 수) + (세 자리 수)** (2)

◆ 알맞은 계산 결과가 쓰여 있는 깃발을 찾아 이어 보세요.

34

767   785   646   936   562

➕ **문해력**

35 서준이네 밭에서 작년에 수확한 고구마는 [316상자]이고, 올해는 작년보다 고구마를 [108상자] 더 많이 수확했습니다. 서준이네 밭에서 올해 수확한 고구마는 몇 상자일까요?

풀이 (작년에 수확한 고구마 상자 수) + (올해 더 수확한 고구마 상자 수)

= ☐ + ☐ = ☐

답 서준이네 밭에서 올해 수확한 고구마는 ☐ 상자입니다.

(세 자리 수) + (세 자리 수) (3)

≫ 받아올림이 여러 번 있는 경우

257 + 168을 수 모형으로 나타내어 알아봅니다.

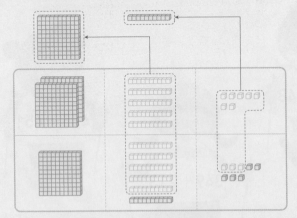

257 + 168 = 425

일의 자리에서 받아올림이 있으면 십의 자리로, 십의 자리에서 받아올림이 있으면 백의 자리로 받아올림합니다.

$$
\begin{array}{r} 1 \\ 1\ 2\ 8 \\ +\ 1\ 9\ 6 \\ \hline 4 \end{array}
\rightarrow
\begin{array}{r} 1\ 1 \\ 1\ 2\ 8 \\ +\ 1\ 9\ 6 \\ \hline 2\ 4 \end{array}
\rightarrow
\begin{array}{r} 1\ 1 \\ 1\ 2\ 8 \\ +\ 1\ 9\ 6 \\ \hline 3\ 2\ 4 \end{array}
$$

백의 자리에서 받아올림이 있으면 천의 자리로 받아올림합니다.

$$
\begin{array}{r} 1 \\ 6\ 2\ 5 \\ +\ 7\ 8\ 7 \\ \hline 2 \end{array}
\rightarrow
\begin{array}{r} 1\ 1 \\ 6\ 2\ 5 \\ +\ 7\ 8\ 7 \\ \hline 1\ 2 \end{array}
\rightarrow
\begin{array}{r} 1\ 1 \\ 6\ 2\ 5 \\ +\ 7\ 8\ 7 \\ \hline 1\ 4\ 1\ 2 \end{array}
$$

◆ 수 모형을 보고 ☐ 안에 알맞은 수를 써넣으세요.

1

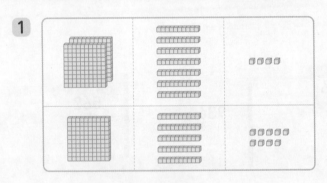

274 + 159 = ☐

2

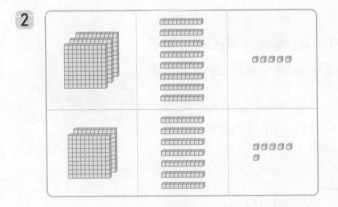

385 + 276 = ☐

◆ 덧셈을 해 보세요.

3 ①
$$
\begin{array}{r} \fbox{} \\ 3\ 6 \\ +\ 8\ 6 \\ \hline \end{array}
$$

②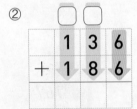

4 ①
$$
\begin{array}{r} \fbox{} \\ 7\ 7 \\ +\ 6\ 8 \\ \hline \end{array}
$$

②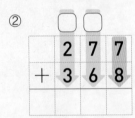

5 ①
$$
\begin{array}{r} \fbox{} \\ 8\ 9 \\ +\ 5\ 8 \\ \hline \end{array}
$$

②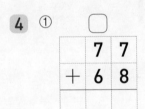

6 ①
$$
\begin{array}{r} \fbox{} \\ 8\ 7 \\ +\ 8\ 3 \\ \hline \end{array}
$$

②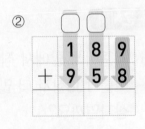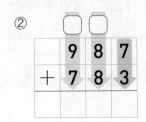

 **연습** (세 자리 수) + (세 자리 수) (3)

 7~20번 문제

```
    1 1              1 1
   4⃝6 8            4̷6̷ 8̷
  + 7 5 9          + 7 5 9
  ─────────        ─────────
  1⃝2⃝2 7          1̷1̷2 7
```

받아올림이 여러 번 있을 때
받아올림한 수를 빠뜨리지 않도록 조심!

◆ 덧셈을 해 보세요.

7
①
```
    1 7 6
  + 1 4 8
  ───────
```
②
```
    1 7 6
  + 1 3 7
  ───────
```

8
①
```
    2 5 8
  + 3 7 4
  ───────
```
②
```
    2 5 8
  + 5 9 3
  ───────
```

9
①
```
    3 4 9
  + 2 7 1
  ───────
```
②
```
    3 4 9
  + 3 5 9
  ───────
```

10
①
```
    5 7 8
  + 4 8 5
  ───────
```
②
```
    5 7 8
  + 7 9 7
  ───────
```

11
①
```
    7 5 6
  + 4 5 9
  ───────
```
②
```
    7 5 6
  + 6 8 6
  ───────
```

12
①
```
    8 4 3
  + 5 6 8
  ───────
```
②
```
    8 4 3
  + 6 7 9
  ───────
```

◆ 덧셈을 해 보세요.

13 ① 179 + 164

② 497 + 164

14 ① 365 + 289

② 416 + 289

15 ① 276 + 354

② 448 + 354

16 ① 374 + 476

② 467 + 476

17 ① 492 + 538

② 965 + 538

18 ① 367 + 653

② 688 + 653

19 ① 326 + 885

② 759 + 885

20 ① 584 + 926

② 795 + 926

◆ 빈칸에 알맞은 수를 써넣으세요.

◆ 계산 결과가 더 작은 것을 찾아 ☐ 안에 기호를 써넣으세요.

21
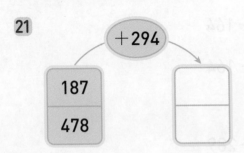

22
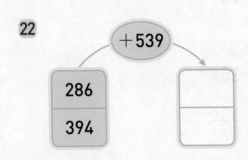

23
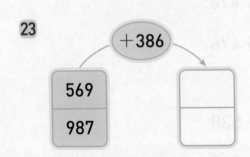

24
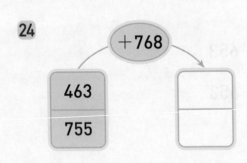

25
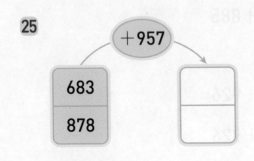

26
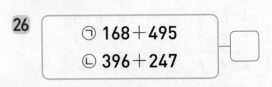
㉠ 168+495
㉡ 396+247

27
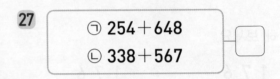
㉠ 254+648
㉡ 338+567

28
㉠ 457+158
㉡ 234+399

29
㉠ 138+579
㉡ 365+385

30
㉠ 829+892
㉡ 979+725

31
㉠ 471+879
㉡ 548+476

32
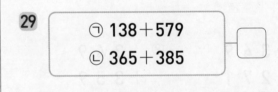
㉠ 188+923
㉡ 526+674

★ **완성** **(세 자리 수) + (세 자리 수)** (3)

◆ 계산을 하고, 계산 결과를 따라 갔을 때 판다가 먹게 되는 음식에 ○표 하세요.

33

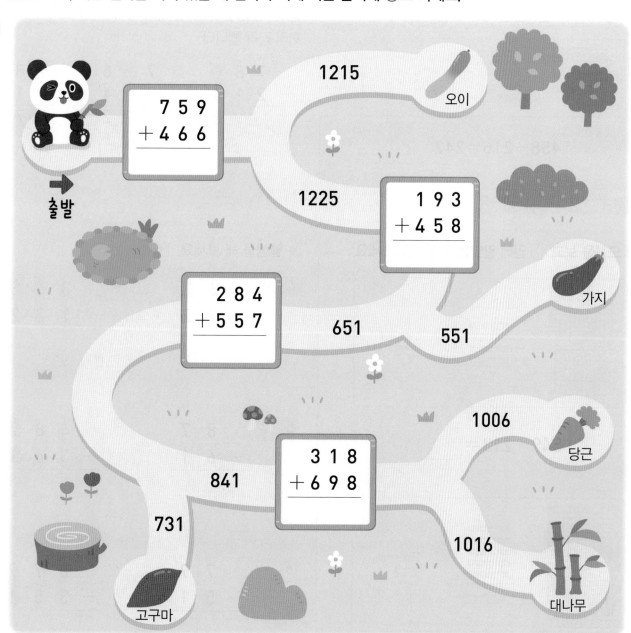

+문해력

34 오늘 동물원에 입장한 남자는 [587]명이고, 여자는 [575]명입니다. 오늘 동물원에 입장한 사람은 모두 몇 명일까요?

풀이 (오늘 입장한 남자 수)+(오늘 입장한 여자 수)

= ☐ + ☐ = ☐

답 오늘 동물원에 입장한 사람은 모두 ☐명입니다.

(세 자리 수) - (세 자리 수) (1)

≫ 받아내림이 없는 경우

458－216을 수 모형으로 나타내어 알아봅니다.

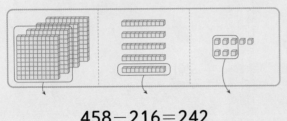

$$458-216=242$$

일의 자리, 십의 자리, 백의 자리의 순서로 같은 자리 수끼리 각각 뺍니다.

```
  7 8 6        7 8 6        7 8 6
－ 2 1 4   →  － 2 1 4   →  － 2 1 4
      2          7 2        5 7 2
```

일의 자리:
6－4＝2

십의 자리:
8－1＝7

백의 자리:
7－2＝5

◆ 수 모형을 보고 ◯ 안에 알맞은 수를 써넣으세요.

1

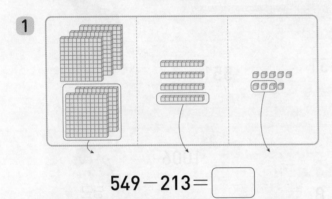

$$549-213=\boxed{}$$

2

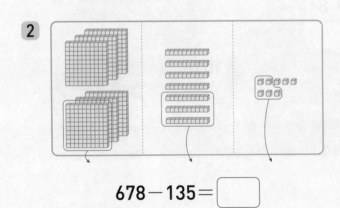

$$678-135=\boxed{}$$

3

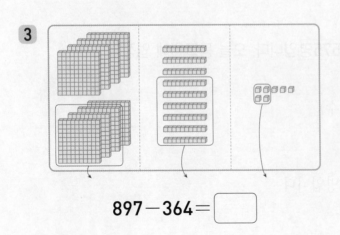

$$897-364=\boxed{}$$

◆ 뺄셈을 해 보세요.

4 ①
```
    6 3
－   2 2
```

②
```
  3 6 3
－ 1 2 2
```

5 ①
```
    8 7
－   6 1
```

②
```
  4 8 7
－ 3 6 1
```

6 ①
```
    7 9
－   5 1
```

②
```
  5 7 9
－ 3 5 1
```

7 ①
```
    4 5
－   2 1
```

②
```
  8 4 5
－ 1 2 1
```

8 ①
```
    5 6
－   4 3
```

②
```
  9 5 6
－ 2 4 3
```

연습 (세 자리 수) - (세 자리 수) (1)

실수 콕! 10, 11, 18, 20, 21번 문제

```
    5 9 2
  - 5 9 1
        1
```
```
    2 5 6
  - 2 3 2
      2 4
```

계산 결과가 항상 세 자리 수인 것은 아니니까 조심!

◆ 뺄셈을 해 보세요.

9 ①
```
    2 9 8
  - 1 2 2
```
②
```
    2 9 8
  - 1 7 4
```

실수 콕!
10 ①
```
    3 4 6
  - 3 2 5
```
②
```
    3 4 6
  - 3 4 3
```

실수 콕!
11 ①
```
    4 7 9
  - 1 7 3
```
②
```
    4 7 9
  - 4 2 8
```

12 ①
```
    5 8 7
  - 2 4 3
```
②
```
    5 8 7
  - 3 5 6
```

13 ①
```
    6 5 8
  - 3 4 7
```
②
```
    6 5 8
  - 4 5 6
```

14 ①
```
    7 6 8
  - 3 4 2
```
②
```
    7 6 8
  - 6 3 4
```

◆ 뺄셈을 해 보세요.

15 ① 528 − 117

② 667 − 117

16 ① 397 − 243

② 756 − 243

17 ① 483 − 322

② 795 − 322

실수 콕!
18 ① 437 − 406

② 839 − 406

19 ① 639 − 514

② 978 − 514

실수 콕!
20 ① 564 − 521

② 721 − 521

실수 콕!
21 ① 687 − 635

② 778 − 635

22 ① 869 − 754

② 957 − 754

1단원 04회

◆ 빈칸에 알맞은 수를 써넣으세요.

23
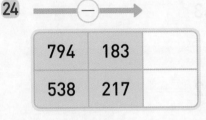

487	174	
663	261	

24

794	183	
538	217	

25
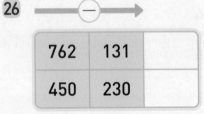

395	172	
978	643	

26

762	131	
450	230	

27

593	342	
834	511	

28

679	273	
968	614	

◆ 계산 결과를 비교하여 ○ 안에 >, =, <를 알맞게 써넣으세요.

29 675−243 ◯ 937−512

30 584−162 ◯ 748−315

31 865−344 ◯ 623−201

32 429−128 ◯ 537−214

33 783−271 ◯ 685−134

34 456−126 ◯ 613−302

35 548−325 ◯ 872−641

36 924−410 ◯ 639−135

★ 완성 (세 자리 수) - (세 자리 수) (1)

◆ 뺄셈의 계산 결과가 같은 자동차를 찾아 같은 색으로 칠해 보세요.

37

985 - 664

649 - 214 789 - 258

858 - 327 453 - 132

39

677 - 142

976 - 251 567 - 146

734 - 313 899 - 174

38
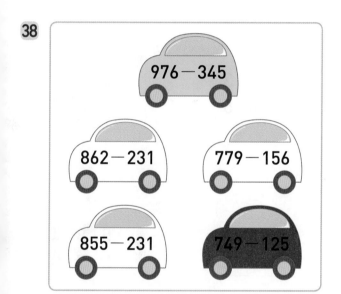

976 - 345

862 - 231 779 - 156

855 - 231 749 - 125

40

867 - 435

898 - 382 957 - 441

789 - 253 556 - 124

+ 문해력

41 하준이는 소율이보다 줄넘기를 몇 번 더 많이 했을까요?

 나는 줄넘기를 245번 했어. 나는 줄넘기를 357번 했어.

소율 하준

풀이 (하준이가 한 줄넘기 횟수) - (소율이가 한 줄넘기 횟수)

= ☐ - ☐ = ☐

답 하준이는 소율이보다 줄넘기를 ☐ 번 더 많이 했습니다.

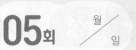
≫ 받아내림이 한 번 있는 경우

673-217을 수 모형으로 나타내어 알아봅니다.

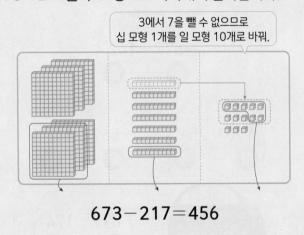

3에서 7을 뺄 수 없으므로 십 모형 1개를 일 모형 10개로 바꿔.

673-217=456

같은 자리 수끼리 뺄 수 없으면 바로 윗자리에서 받아내림합니다.

```
    7 10           7 10            7 10
  6 8̸ 3          6 8̸ 3          6̸ 8̸ 3
 - 2 1 8   →    - 2 1 8   →    - 2 1 8
        5            6 5          4 6 5

    4 10           4 10           4 10
  5 1 6          5̸ 1 6          5̸ 1 6
 - 3 9 2        - 3 9 2   →    - 3 9 2
        4            2 4          1 2 4
```

◆ 수 모형을 보고 ◻ 안에 알맞은 수를 써넣으세요.

1

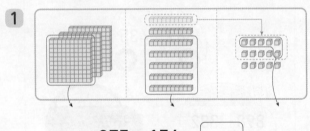

375-156= ◻

2

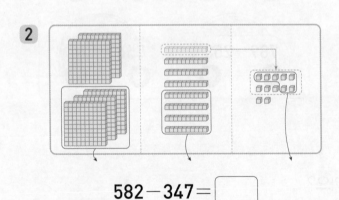

582-347= ◻

3

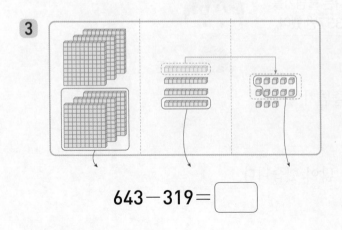

643-319= ◻

◆ 뺄셈을 해 보세요.

4 ①
```
    ◻ ◻
    9̸ 3
  -  6 5
```

②
```
    ◻ ◻
  4 9̸ 3
 - 1 6 5
```

5 ①
```
    ◻ ◻
    8 4
  -  7 8
```

②
```
    ◻ ◻
  5 8 4
 - 2 7 8
```

6 ①
```
    ◻ ◻
    6̸ 4
  -  1 7
```

②
```
    ◻ ◻
  6̸ 4 3
 - 1 7 2
```

7 ①
```
    ◻ ◻
    8̸ 2
  -  5 9
```

②
```
    ◻ ◻
  8 2 5
 - 5 9 4
```

 **연습** (세 자리 수) - (세 자리 수) (2)

실수 콕! 8~21번 문제

```
      2 10
    5 3̸ 7        5̸ 3̸ 7̸
  -  1 1 8      -  1̸ 1̸ 8̸
    4  1  9        4̸ 2̸ 1̸
```

무조건 큰 수에서 작은 수를 빼면 안 돼!

◆ 빨셈을 해 보세요.

8 ①
```
    3 9 1
  - 1 4 6
```
②
```
    3 9 1
  - 1 5 3
```

9 ①
```
    4 6 4
  - 1 5 8
```
②
```
    4 6 4
  - 1 8 2
```

10 ①
```
    5 7 7
  - 1 4 9
```
②
```
    5 7 7
  - 2 8 2
```

11 ①
```
    6 5 2
  - 2 3 7
```
②
```
    6 5 2
  - 4 7 0
```

12 ①
```
    7 8 3
  - 2 9 1
```
②
```
    7 8 3
  - 4 2 5
```

13 ①
```
    9 6 5
  - 3 7 2
```
②
```
    9 6 5
  - 5 2 8
```

◆ 빨셈을 해 보세요.

14 ① 235 - 144

② 571 - 144

15 ① 693 - 265

② 718 - 265

16 ① 345 - 273

② 680 - 273

17 ① 648 - 354

② 871 - 354

18 ① 542 - 417

② 708 - 417

19 ① 762 - 523

② 918 - 523

20 ① 637 - 582

② 890 - 582

21 ① 852 - 715

② 983 - 715

◆ 빈칸에 알맞은 수를 써넣으세요.

◆ 계산 결과가 더 큰 것에 ○표 하세요.

22

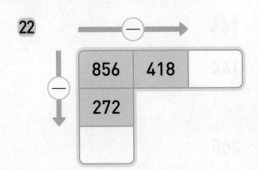

856	418
272	

23

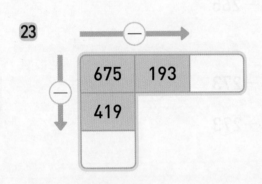

675	193
419	

24

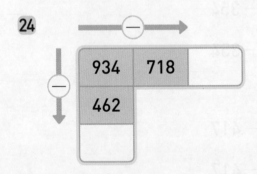

934	718
462	

25

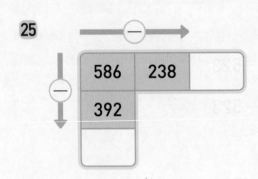

586	238
392	

26

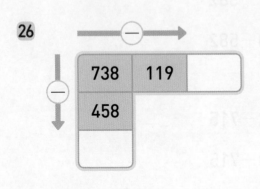

738	119
458	

27

461 − 134	528 − 175
( )	( )

28

663 − 238	715 − 294
( )	( )

29

814 − 572	952 − 617
( )	( )

30

534 − 261	407 − 194
( )	( )

31

744 − 318	673 − 347
( )	( )

32

773 − 581	310 − 108
( )	( )

33

546 − 293	927 − 718
( )	( )

★ 완성 (세 자리 수) - (세 자리 수)(2)

◆ 빌딩의 높이를 보고 주어진 두 빌딩의 높이의 차가 몇 m인지 구하세요.

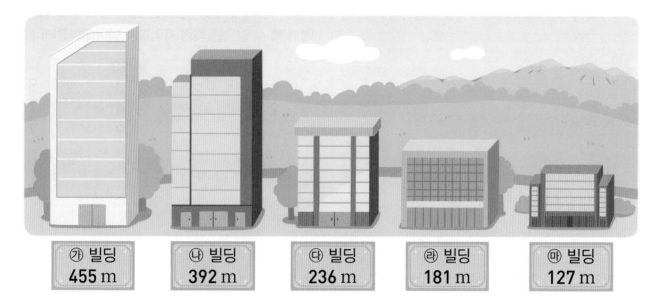

㉮ 빌딩	㉯ 빌딩	㉰ 빌딩	㉱ 빌딩	㉲ 빌딩
455 m	392 m	236 m	181 m	127 m

34 ㉮ 빌딩과 ㉯ 빌딩

→ 455 - 392 = ☐ (m)

37 ㉯ 빌딩과 ㉰ 빌딩

→ ☐ - ☐ = ☐ (m)

35 ㉮ 빌딩과 ㉰ 빌딩

→ ☐ - ☐ = ☐ (m)

38 ㉯ 빌딩과 ㉲ 빌딩

→ ☐ - ☐ = ☐ (m)

36 ㉮ 빌딩과 ㉱ 빌딩

→ ☐ - ☐ = ☐ (m)

39 ㉰ 빌딩과 ㉱ 빌딩

→ ☐ - ☐ = ☐ (m)

+ 문해력

40 수현이네 학교 도서관에 책이 978권 있습니다. 그중 182권을 빌려 갔다면 도서관에 남아 있는 책은 몇 권일까요?

풀이 (원래 있던 전체 책 수) - (빌려 간 책 수)

= ☐ - ☐ = ☐

답 도서관에 남아 있는 책은 ☐ 권입니다.

개념 (세 자리 수) − (세 자리 수) (3)

≫ 받아내림이 두 번 있는 경우

06회 월/일

621−175를 수 모형으로 나타내어 알아봅니다.

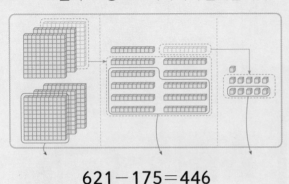

$$621 - 175 = 446$$

일의 자리에서 뺄 수 없으면 십의 자리에서, 십의 자리에서 뺄 수 없으면 백의 자리에서 받아내림합니다.

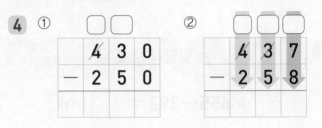

	4	10	
	6	5̶	3̶
−	2	7	4
			9

→

	5	14	10
	6̶	5̶	3̶
−	2	7	4
		7	9

→

	5	14	10
	6̶	5̶	3̶
−	2	7	4
	3	7	9

일의 자리: $10+3-4=9$ 십의 자리: $10+4-7=7$ 백의 자리: $5-2=3$

◆ 수 모형을 보고 ☐ 안에 알맞은 수를 써넣으세요.

1

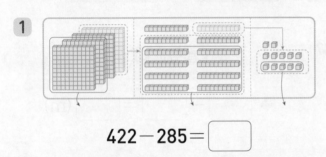

$$422 - 285 = \boxed{}$$

2

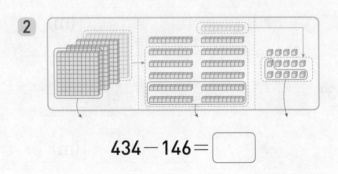

$$434 - 146 = \boxed{}$$

3

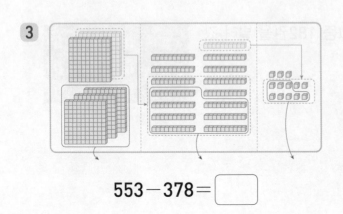

$$553 - 378 = \boxed{}$$

◆ 뺄셈을 해 보세요.

4 ①

☐	☐	
4̶	3	0
− 2	5	0

②

☐	☐	☐
4	3	7
− 2	5	8

5 ①

☐	☐	
5̶	2	0
− 1	7	0

②

☐	☐	☐
5	2	8
− 1	7	9

6 ①

☐	☐	
6̶	4	0
− 2	8	0

②

☐	☐	☐
6	4	2
− 2	8	5

7 ①

☐	☐	
8̶	3	0
− 5	6	0

②

☐	☐	☐
8	3	1
− 5	6	4

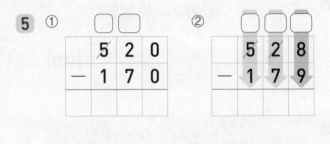
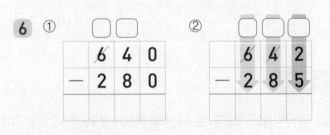
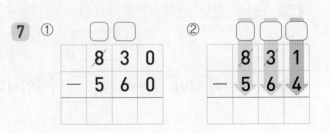

 **연습** (세 자리 수) - (세 자리 수) (3)

 11, 16, 19번 문제

```
    4  9 10              4 10 10
    5  0  1              5  0  1
 -  1  4  5           -  1  4  5
 ───────────         ───────────
    3  5  6              3  6  6
```

십의 자리 수가 0인 경우 받아내림 조심!

◆ 뺄셈을 해 보세요.

8
①
```
    2 3 1
 -  1 3 6
```
②
```
    2 3 1
 -  1 5 4
```

9
①
```
    4 1 2
 -  1 4 3
```
②
```
    4 1 2
 -  2 9 7
```

10
①
```
    5 7 3
 -  2 8 4
```
②
```
    5 7 3
 -  3 7 8
```

실수 콕!
11
①
```
    7 0 3
 -  3 6 9
```
②
```
    7 0 3
 -  5 8 7
```

12
①
```
    8 5 0
 -  2 7 6
```
②
```
    8 5 0
 -  4 5 7
```

13
①
```
    9 4 2
 -  3 4 8
```
②
```
    9 4 2
 -  6 8 5
```

◆ 뺄셈을 해 보세요.

14 ① 516 - 149

② 635 - 149

15 ① 214 - 157

② 745 - 157

실수 콕!
16 ① 322 - 249

② 507 - 249

17 ① 423 - 285

② 634 - 285

18 ① 532 - 376

② 843 - 376

실수 콕!
19 ① 605 - 438

② 916 - 438

20 ① 712 - 593

② 921 - 593

21 ① 853 - 764

② 932 - 764

◆ 빈칸에 알맞은 수를 써넣으세요.

◆ 계산 결과가 더 작은 것을 찾아 ⬚ 안에 기호를 써넣으세요.

22

711 → -137 → ⬚ → -285 → ⬚

28

⬚
- ㉠ 452－385
- ㉡ 543－457

23

411 → -168 → ⬚ → -166 → ⬚

29

⬚
- ㉠ 514－176
- ㉡ 700－364

24

512 → -249 → ⬚ → -188 → ⬚

30

⬚
- ㉠ 833－575
- ㉡ 645－388

25

800 → -325 → ⬚ → -197 → ⬚

31

⬚
- ㉠ 313－178
- ㉡ 901－753

26

726 → -459 → ⬚ → -179 → ⬚

32

⬚
- ㉠ 640－193
- ㉡ 534－189

27

941 → -184 → ⬚ → -568 → ⬚

33

⬚
- ㉠ 731－457
- ㉡ 403－144

34

⬚
- ㉠ 954－268
- ㉡ 821－125

⭐ 완성 (세 자리 수) - (세 자리 수) (3)

◆ 뺄셈의 계산 결과를 따라가서 도착하는 곳에 ○표 하세요.

35

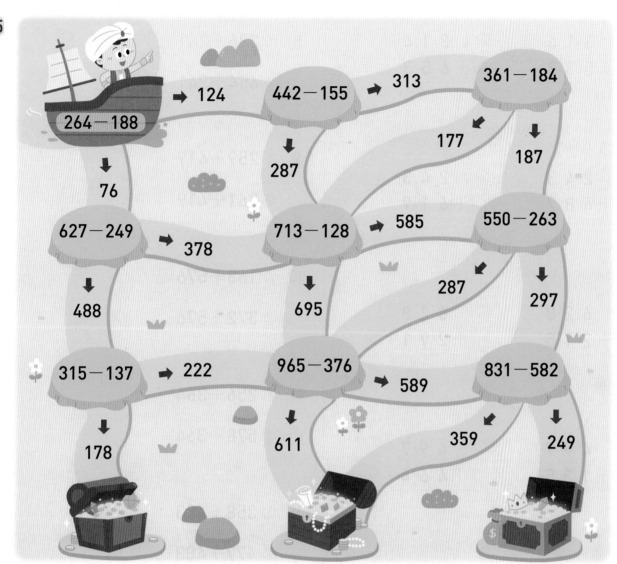

1단원 06회

➕ 문해력

36 마트에서 병원까지의 거리는 354 m 이고, 우체국까지의 거리는 168 m 입니다. 마트에서 병원까지의 거리는 우체국까지의 거리보다 몇 m 더 멀까요?

풀이 (마트에서 병원까지의 거리) ─ (마트에서 우체국까지의 거리)

= ☐ ─ ☐ = ☐

답 마트에서 병원까지의 거리는 우체국까지의 거리보다 ☐ m 더 멉니다.

◆ 덧셈을 해 보세요.

1 ① 3 1 4
   + 5 3 2

② 3 1 4
  + 6 5 3

2 ① 2 4 3
   + 4 8 2

② 2 4 3
  + 6 1 9

3 ① 6 2 8
   + 2 1 5

② 6 2 8
  + 2 9 1

4 ① 4 9 7
   + 1 3 5

② 4 9 7
  + 4 6 4

5 ① 1 4 6
   + 5 6 4

② 1 4 6
  + 7 8 7

6 ① 5 7 6
   + 6 4 8

② 5 7 6
  + 9 7 5

7 ① 8 3 7
   + 4 7 8

② 8 3 7
  + 9 6 6

◆ 덧셈을 해 보세요.

8 ① 326＋241

  ② 654＋241

9 ① 259＋419

  ② 361＋419

10 ① 163＋576

   ② 372＋576

11 ① 256＋364

   ② 578＋364

12 ① 358＋483

   ② 477＋483

13 ① 765＋538

   ② 584＋538

14 ① 459＋665

   ② 878＋665

15 ① 685＋776

   ② 947＋776

◆ 뺄셈을 해 보세요.

16 ①
```
   4 9 7
 - 1 6 3
```
②
```
   4 9 7
 - 2 8 5
```

17 ①
```
   7 3 6
 - 1 2 4
```
②
```
   7 3 6
 - 4 1 3
```

18 ①
```
   3 5 4
 - 1 7 2
```
②
```
   3 5 4
 - 1 4 8
```

19 ①
```
   7 2 6
 - 2 5 3
```
②
```
   7 2 6
 - 4 1 9
```

20 ①
```
   6 3 1
 - 2 9 7
```
②
```
   6 3 1
 - 4 6 2
```

21 ①
```
   8 4 7
 - 1 9 9
```
②
```
   8 4 7
 - 2 7 8
```

22 ①
```
   9 2 5
 - 3 4 7
```
②
```
   9 2 5
 - 5 6 9
```

◆ 뺄셈을 해 보세요.

23 ① 285−142

② 357−142

24 ① 718−514

② 937−514

25 ① 692−374

② 867−374

26 ① 519−245

② 753−245

27 ① 708−623

② 951−623

28 ① 515−487

② 762−487

29 ① 610−358

② 843−358

30 ① 712−569

② 941−569

◆ 빈칸에 알맞은 수를 써넣으세요.

1

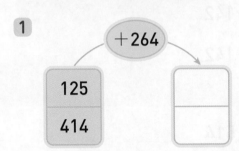

+264

125
414

2

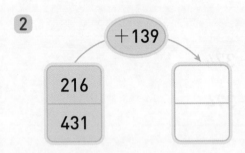

+139

216
431

3

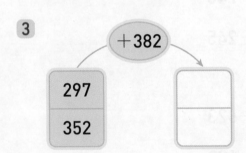

+382

297
352

4

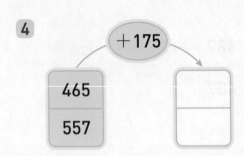

+175

465
557

5

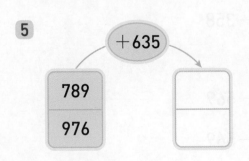

+635

789
976

◆ 빈칸에 알맞은 수를 써넣으세요.

6

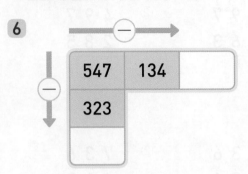

547	134	
323		

7

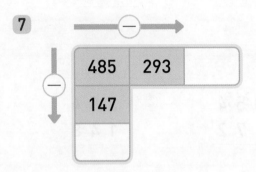

485	293	
147		

8

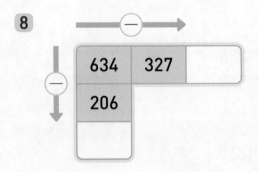

634	327	
206		

9

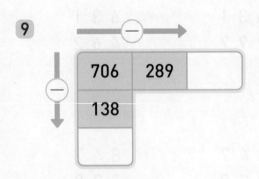

706	289	
138		

10

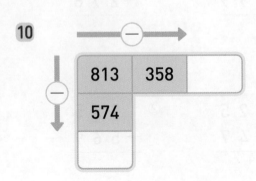

813	358	
574		

◆ 계산 결과를 비교하여 ○ 안에 >, =, <를 알맞게 써넣으세요.

11 205+451 ◯ 492+177

12 319+352 ◯ 560+138

13 486+347 ◯ 528+275

14 397+823 ◯ 276+944

15 545-143 ◯ 682-229

16 968-423 ◯ 763-218

17 837-474 ◯ 672-377

18 724-487 ◯ 913-675

◆ 계산 결과가 더 작은 것을 찾아 ☐ 안에 기호를 써넣으세요.

19
㉠ 126+453
㉡ 378+217

20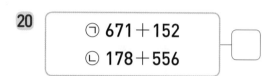
㉠ 671+152
㉡ 178+556

21
㉠ 793+628
㉡ 978+586

22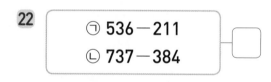
㉠ 536-211
㉡ 737-384

23
㉠ 781-159
㉡ 864-213

24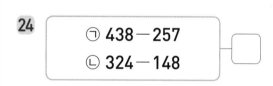
㉠ 438-257
㉡ 324-148

25
㉠ 362-189
㉡ 431-278

1 단원
08회

2 평면도형

10회
각, 직각

학습을 끝낸 후
색칠하세요.

09회
선분, 직선, 반직선

다음에 배울 내용

[4-2] 삼각형
이등변삼각형 알아보기
정삼각형 알아보기

[4-2] 사각형
사다리꼴 알아보기
평행사변형 알아보기
마름모 알아보기

13회
평가 B

12회
평가 A

11회
직각삼각형, 직사각형, 정사각형

두 점을 곧게 이은 선을 선분이라고 합니다.

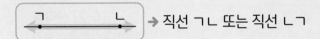 → 선분 ㄱㄴ 또는 선분 ㄴㄱ

선분을 양쪽으로 끝없이 늘인 곧은 선을 직선이라고 합니다.

 → 직선 ㄱㄴ 또는 직선 ㄴㄱ

한 점에서 시작하여 한쪽으로 끝없이 늘인 곧은 선을 반직선이라고 합니다.

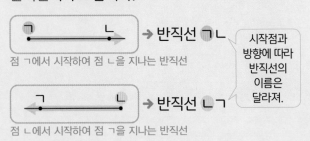 → 반직선 ㄱㄴ

점 ㄱ에서 시작하여 점 ㄴ을 지나는 반직선

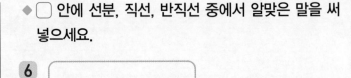 → 반직선 ㄴㄱ

점 ㄴ에서 시작하여 점 ㄱ을 지나는 반직선

> 시작점과 방향에 따라 반직선의 이름은 달라져.

◆ 선분이면 ○표, 직선이면 △표, 반직선이면 □표 하세요.

1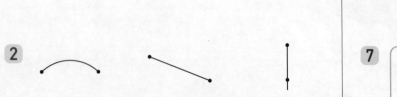
( ) ( ) ( )

2
( ) ( ) ( )

3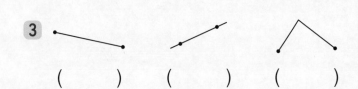
( ) ( ) ( )

4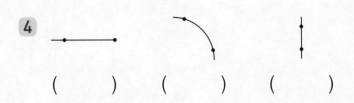
( ) ( ) ( )

5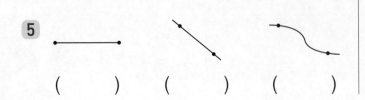
( ) ( ) ( )

◆ ☐ 안에 선분, 직선, 반직선 중에서 알맞은 말을 써 넣으세요.

6 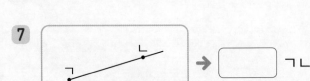 → [ ] ㄱㄴ

7 → [ ] ㄱㄴ

8 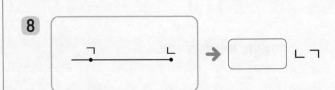 → [ ] ㄴㄱ

9 → [ ] ㄱㄴ

10 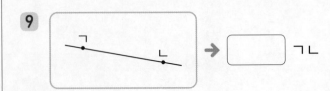 → [ ] ㄴㄱ

연습 선분, 직선, 반직선

실수 콕! 12, 14번 문제

반직선 ㄱㄴ
반직선 ㄴㄱ

반직선은 시작하는 점을 먼저 써야 해.

◆ 도형의 이름을 쓰세요.

11

→ (   )

실수 콕!
12
→ (   )

13
→ (   )

실수 콕!
14
→ (   )

15
→ (   )

16

→ (   )

◆ 주어진 선분, 직선, 반직선을 그어 보세요.

17

① 선분 ㄱㄴ
② 반직선 ㄱㄴ

18

① 반직선 ㄷㄴ
② 직선 ㄷㄴ

19
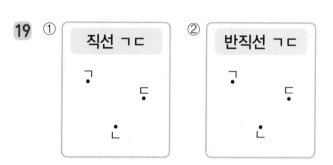
① 직선 ㄱㄷ
② 반직선 ㄱㄷ

20
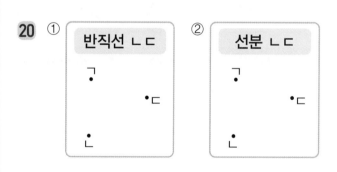
① 반직선 ㄴㄷ
② 선분 ㄴㄷ

21
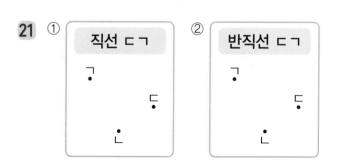
① 직선 ㄷㄱ
② 반직선 ㄷㄱ

◆ 선분, 직선, 반직선은 각각 몇 개인지 구하세요.

◆ 주어진 선분, 직선, 반직선을 그어 보세요.

22

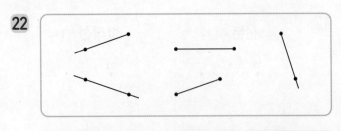

선분	직선	반직선

26

선분 ㄴㅂ, 직선 ㄷㄹ, 반직선 ㅇㅅ

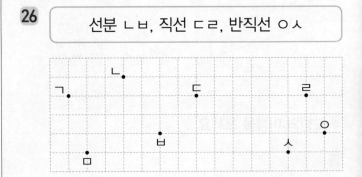

23

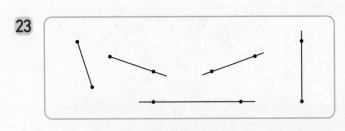

선분	직선	반직선

27

선분 ㄷㅅ, 직선 ㄹㅇ, 반직선 ㄱㅁ

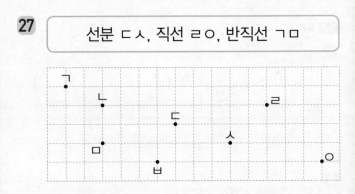

24

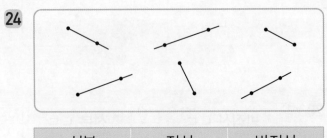

선분	직선	반직선

28

선분 ㄹㅇ, 직선 ㄷㅅ, 반직선 ㅁㄴ

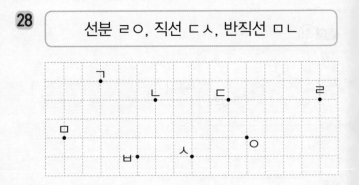

25

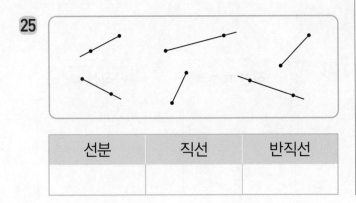

선분	직선	반직선

29

선분 ㅅㅇ, 직선 ㄱㅁ, 반직선 ㅂㄷ

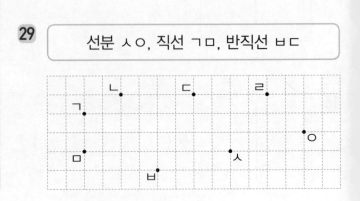

★ 완성 선분, 직선, 반직선

◆ 누가 그린 스케치북인지 찾아 이어 보세요.

30
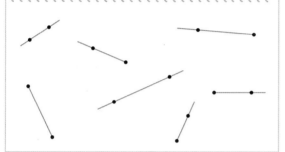

나는 직선을
4개 그렸어.

31
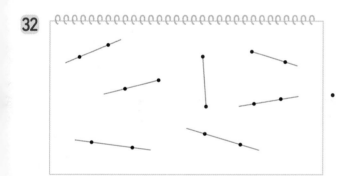

나는 반직선을
4개 그렸어.

32

나는 선분을
2개 그렸어.

+ 문해력

33 은서와 지후 중 잘못 설명한 사람은 누구일까요?

ㅈ ㅊ
이 도형은 반직선 ㅈㅊ
또는 반직선 ㅊㅈ이야.

은서   지후

ㅈ ㅊ
이 도형은 직선 ㅈㅊ
또는 직선 ㅊㅈ이야.

풀이 은서: 반직선 ㅈㅊ과 반직선 ㅊㅈ은 (같은 , 다른) 도형입니다.

지후: 직선 ㅈㅊ과 직선 ㅊㅈ은 (같은 , 다른) 도형입니다.

답 잘못 설명한 사람은 [   ]입니다.

한 점에서 그은 두 반직선으로 이루어진 도형을 각이라고 합니다.

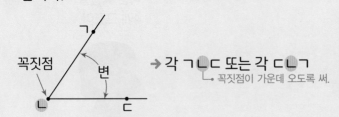

→ 각 ㄱㄴㄷ 또는 각 ㄷㄴㄱ
└ 꼭짓점이 가운데 오도록 써.

종이를 반듯하게 두 번 접었을 때 생기는 각을 직각이라고 합니다.

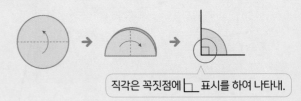

직각은 꼭짓점에 ㄴ 표시를 하여 나타내.

◆ 각을 찾아 ○표 하세요.

1
(　　) (　　) (　　)

2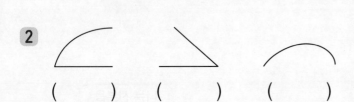
(　　) (　　) (　　)

3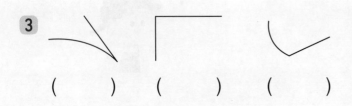
(　　) (　　) (　　)

4
(　　) (　　) (　　)

5
(　　) (　　) (　　)

◆ 도형에서 직각을 찾아 ㄴ로 표시해 보세요.

6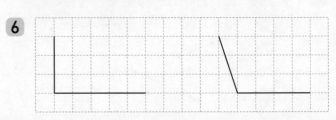

7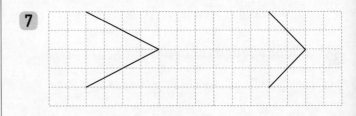

8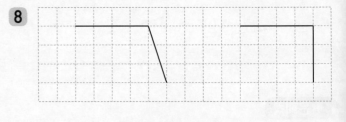

9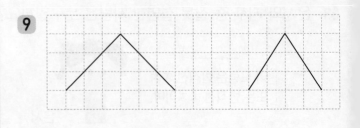

10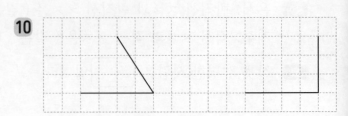

 **각, 직각**

실수 콕! 11~16번 문제

각의 이름은 꼭짓점이 가운데 오도록 써야 하니까 조심!

◆ **직각을 찾아 쓰세요.**

17
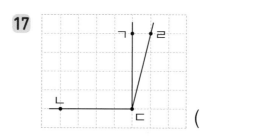
( )

◆ **각의 이름을 쓰세요.**

11
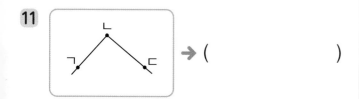 → ( )

18
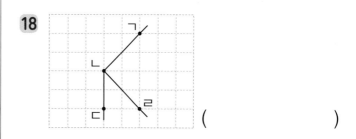
( )

12
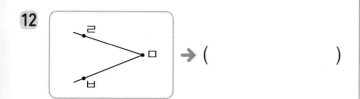 → ( )

13
 → ( )

19
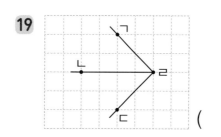
( )

14
 → ( )

20
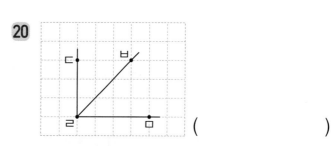
( )

15
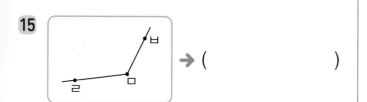 → ( )

21
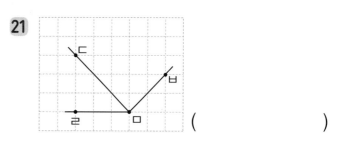
( )

16
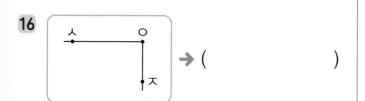 → ( )

22
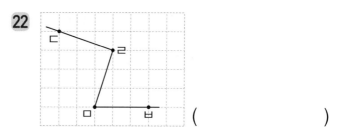
( )

2 단원 10회

◆ 세 점을 이용하여 주어진 각을 각각 그려 보세요.

◆ 각 도형에서 찾을 수 있는 직각은 모두 몇 개인지 구하세요.

23
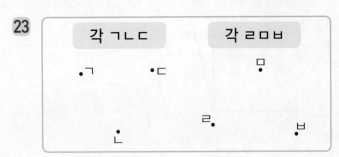

24
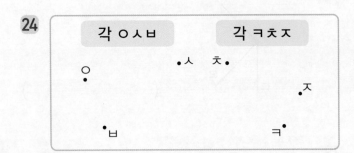

25
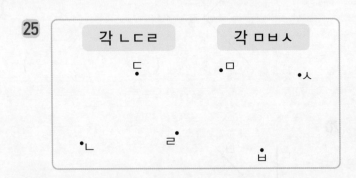

26
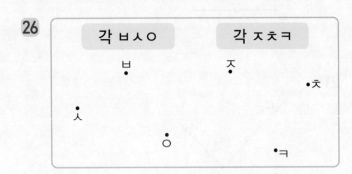

27
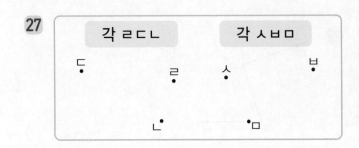

28
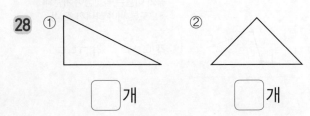

29
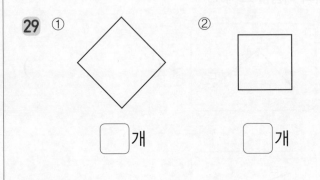

30
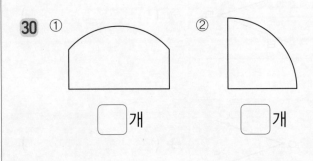

31
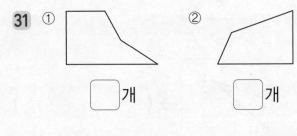

32
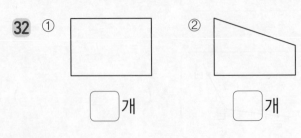

33

★ 완성 각, 직각

◆ 친구들이 만든 쿠키를 찾아 기호를 쓰세요.

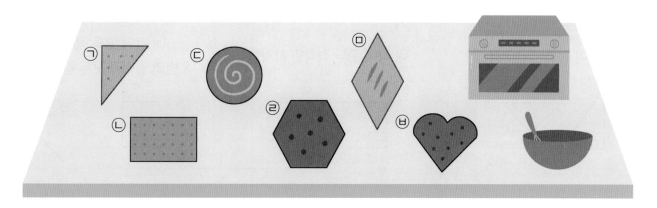

34 내가 만든 쿠키에는 각이 6개 있어.

(   )

36 내가 만든 쿠키에는 각이 3개 있어.

(   )

35 내가 만든 쿠키에는 각이 없어.

(   )

37 내가 만든 쿠키에는 직각만 4개 있어.

(   )

2단원 **10**회

✚ 문해력

38 직각이 더 많은 도형은 어느 것일까요?

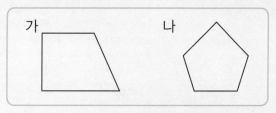

가   나

풀이 직각의 수를 세어 보면 가는 ☐개, 나는 ☐개입니다.

답 직각이 더 많은 도형은 ☐입니다.

직각삼각형	직사각형	정사각형
한 각이 직각인 삼각형	네 각이 모두 직각인 사각형	네 각이 모두 직각이고 네 변의 길이가 모두 같은 사각형

직각은 딱 1개야.

◆ 직각삼각형인 것에 ○표 하세요.

1

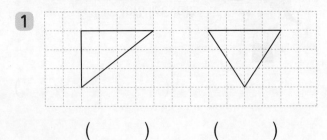

(   )   (   )

2

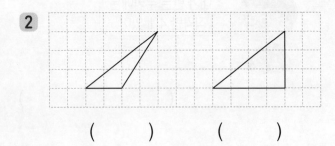

(   )   (   )

3

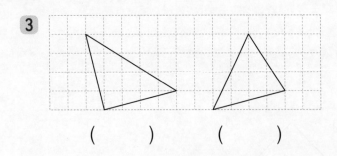

(   )   (   )

4

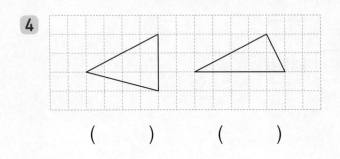

(   )   (   )

◆ 직사각형인 것에 ○표 하세요.

5

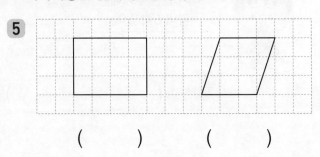

(   )   (   )

6

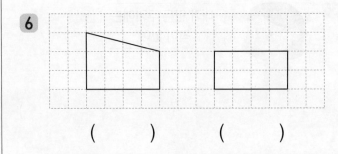

(   )   (   )

◆ 정사각형인 것에 ○표 하세요.

7

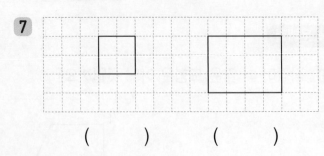

(   )   (   )

8

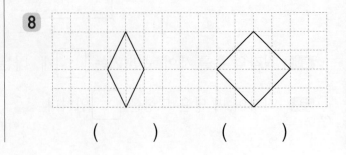

(   )   (   )

 연습 **직각삼각형, 직사각형, 정사각형**

실수 콕! 15, 18, 19번 문제

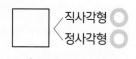

정사각형은 직사각형이야.

직사각형은 정사각형이라고 할 수 없으니까 조심!

◆ 직각삼각형을 찾아 기호를 쓰세요.

9
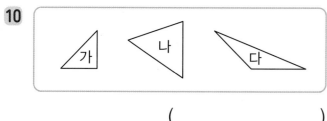

( )

10
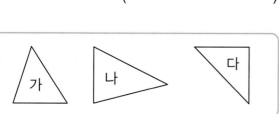

( )

11
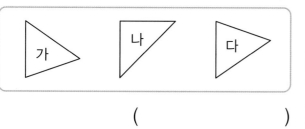

( )

12
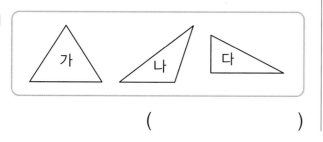

( )

13

( )

◆ 직사각형을 찾아 기호를 쓰세요.

14
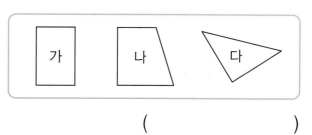

( )

실수 콕!
15
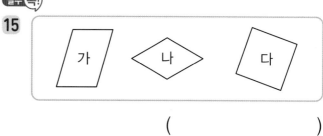

( )

16
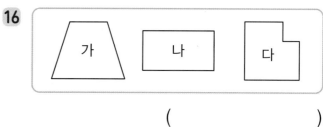

( )

◆ 정사각형을 찾아 기호를 쓰세요.

17
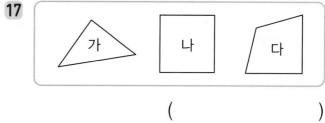

( )

실수 콕!
18
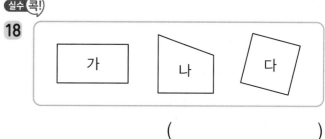

( )

실수 콕!
19
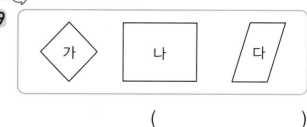

( )

2단원
11회

◆ 정사각형을 보고 ⬜ 안에 알맞은 수를 써넣으세요.

20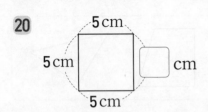

21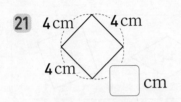

22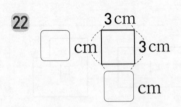

23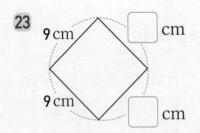

24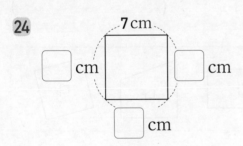

25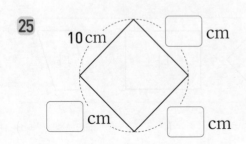

◆ 그어진 선분을 이용하여 도형을 완성해 보세요.

26 직각삼각형

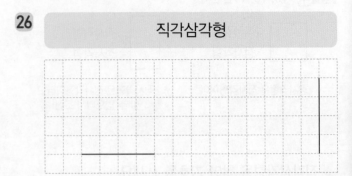

27 직각삼각형

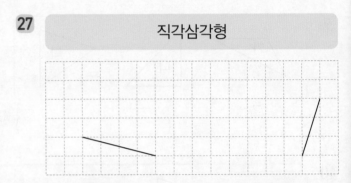

28 직사각형

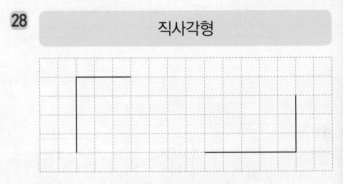

29 직사각형

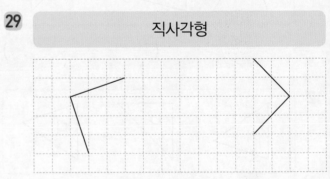

30 정사각형

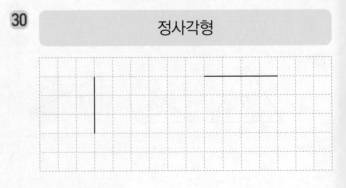

★ 완성　직각삼각형, 직사각형, 정사각형

◆ 토끼가 징검다리를 건너려고 합니다. 밟아야 하는 돌을 선으로 이어 건너 보세요.

31
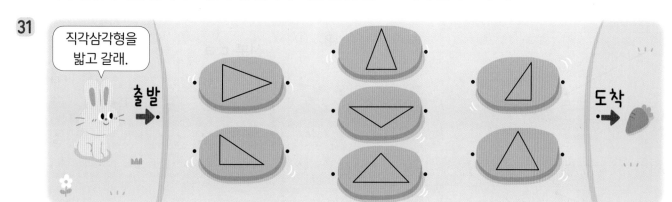

32
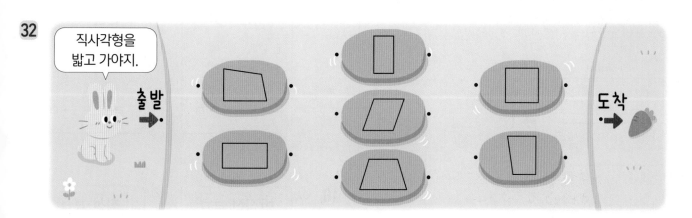

33
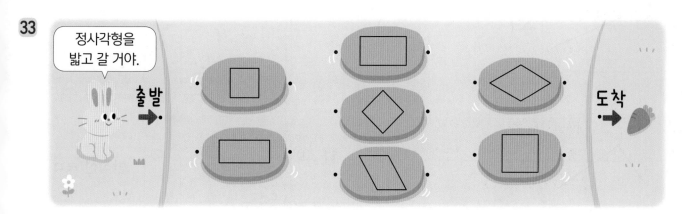

＋문해력

34 여러 가지 교통 표지판을 모은 것입니다. 직사각형 모양의 교통 표지판은 모두 몇 개일까요?

풀이 직사각형 모양의 교통 표지판은 (가 , 나 , 다 , 라 , 마)입니다.

답 직사각형 모양의 교통 표지판은 모두 ☐개입니다.

◆ 도형의 이름을 쓰세요.

1 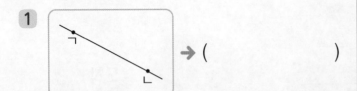 → ( )

2 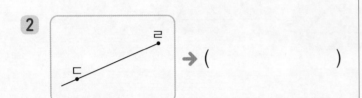 → ( )

3 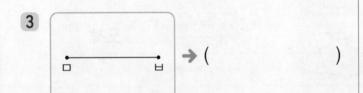 → ( )

4 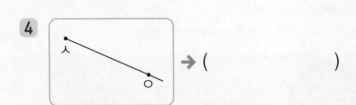 → ( )

5 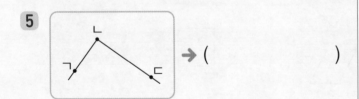 → ( )

6 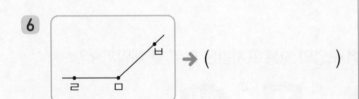 → ( )

7 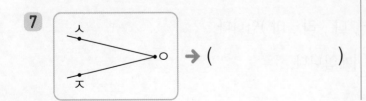 → ( )

◆ 주어진 선분, 직선, 반직선을 그어 보세요.

8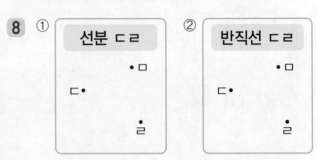
① 선분 ㄷㄹ ② 반직선 ㄷㄹ

9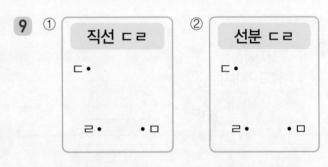
① 직선 ㄷㄹ ② 선분 ㄷㄹ

10
① 반직선 ㄹㅁ ② 직선 ㄹㅁ

11
① 선분 ㄹㅁ ② 반직선 ㄹㅁ

12
① 직선 ㅁㄷ ② 선분 ㅁㄷ

◆ 직각을 찾아 쓰세요.

13
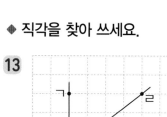
(   )

14
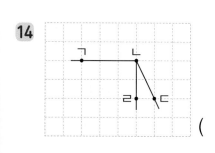
(   )

15
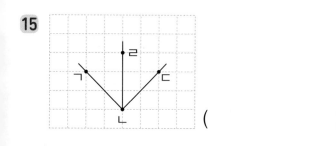
(   )

16
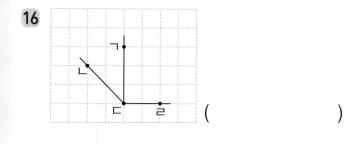
(   )

17
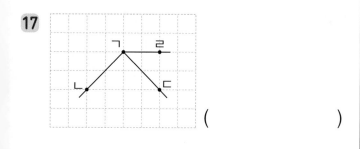
(   )

18
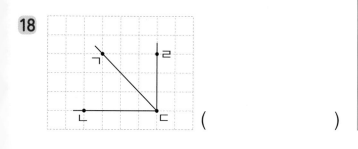
(   )

◆ 각 도형을 찾아 기호를 쓰세요.

19
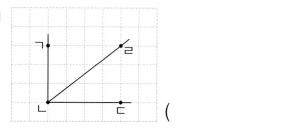
직각삼각형 (   )

20

직각삼각형 (   )

21

직사각형 (   )

22
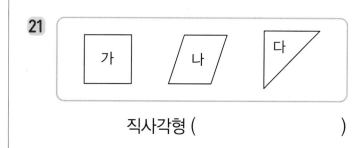
직사각형 (   )

23
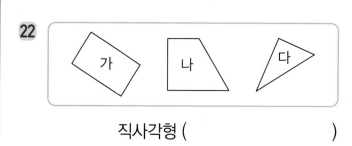
정사각형 (   )

24
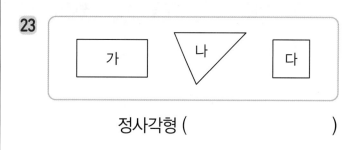
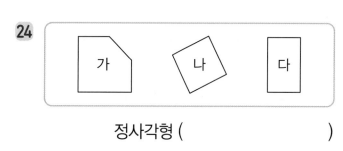
정사각형 (   )

2단원 **12**회

◆ 선분, 직선, 반직선은 각각 몇 개인지 구하세요.

◆ 각 도형에서 찾을 수 있는 직각은 모두 몇 개인지 구하세요.

1

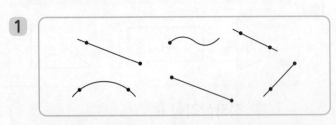

선분	직선	반직선

2

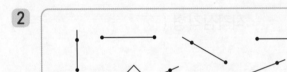

선분	직선	반직선

3

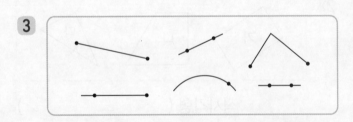

선분	직선	반직선

4

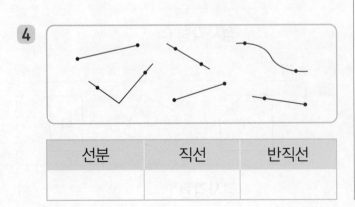

선분	직선	반직선

5 ①   ☐개   ②   ☐개

6 ①  ☐개   ②   ☐개

7 ①   ☐개   ②   ☐개

8 ①   ☐개   ②  ☐개

9 ①   ☐개   ② 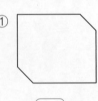 ☐개

10 ①   ☐개   ② ☐개

◆ 정사각형을 보고 ◻ 안에 알맞은 수를 써넣으세요.

11
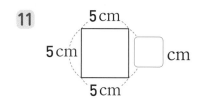
5 cm, 5 cm, 5 cm, ◻ cm

12
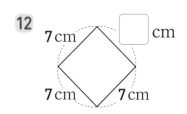
7 cm, 7 cm, 7 cm, ◻ cm

13
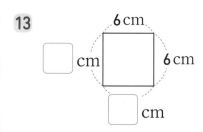
6 cm, 6 cm, ◻ cm, ◻ cm

14
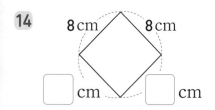
8 cm, 8 cm, ◻ cm, ◻ cm

15
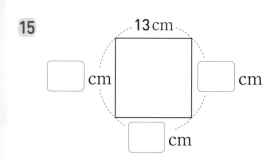
13 cm, ◻ cm, ◻ cm, ◻ cm

16
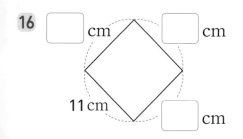
◻ cm, ◻ cm, 11 cm, ◻ cm

◆ 그어진 선분을 이용하여 도형을 완성해 보세요.

17 직각삼각형
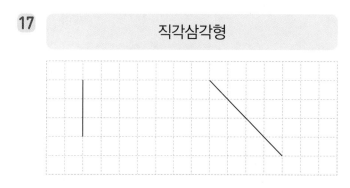

18 직각삼각형
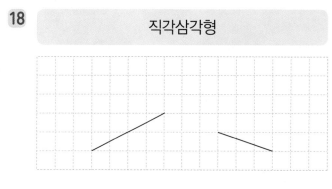

19 직사각형
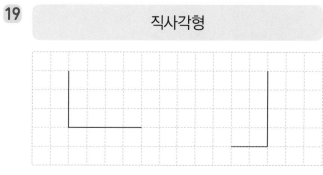

20 직사각형
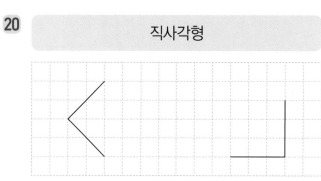

21 정사각형
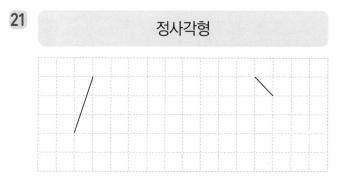

3 나눗셈

다음에 배울 내용

[3-1] 분수와 소수
분수 알아보기

[3-2] 나눗셈
(두 자리 수)÷(한 자리 수)
(세 자리 수)÷(한 자리 수)

19회

평가 B

18회

평가 A

16회

곱셈과 나눗셈의
관계

17회

나눗셈의 몫을
곱셈으로 구하기

똑같이 나누기(1)

≫ 똑같이 몇 묶음으로 나누기

구슬 8개를 상자 2개에 한 개씩 번갈아 가며 놓아 똑같이 나눕니다.

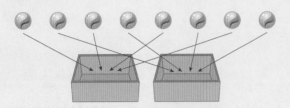

→ 상자 한 개에 4개씩 놓을 수 있습니다.

물고기 6마리를 어항 2개에 똑같이 나누어 넣으면 어항 한 개에 3마리씩 넣을 수 있습니다.

나눗셈식 6÷2=3

읽기 6 나누기 2는 3과 같습니다.

◆ 그림을 보고 ☐ 안에 알맞은 수를 써넣으세요.

1

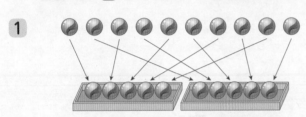

구슬 10개를 쟁반 2개에 똑같이 나누면 쟁반 한 개에 ☐ 개씩 놓을 수 있습니다.

2

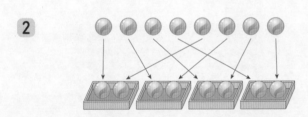

구슬 8개를 쟁반 4개에 똑같이 나누면 쟁반 한 개에 ☐ 개씩 놓을 수 있습니다.

3

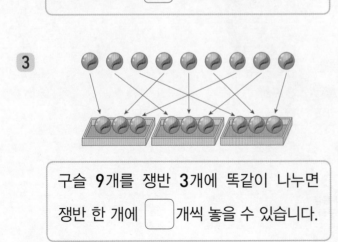

구슬 9개를 쟁반 3개에 똑같이 나누면 쟁반 한 개에 ☐ 개씩 놓을 수 있습니다.

◆ 다음을 나눗셈식으로 나타내세요.

4

16 나누기 2는 8과 같습니다.

$16 \div \boxed{} = \boxed{}$

5

15 나누기 3은 5와 같습니다.

$15 \div \boxed{} = \boxed{}$

6

30 나누기 5는 6과 같습니다.

$30 \div \boxed{} = \boxed{}$

7

40 나누기 8은 5와 같습니다.

$40 \div \boxed{} = \boxed{}$

8

27 나누기 9는 3과 같습니다.

$27 \div \boxed{} = \boxed{}$

연습 똑같이 나누기(1)

◆ 그림을 보고 ☐ 안에 알맞은 수를 써넣으세요.

9

$16 \div 4 = \boxed{}$

10

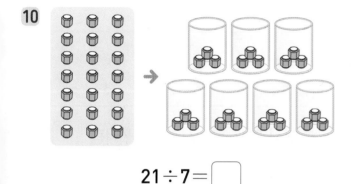

$21 \div 7 = \boxed{}$

11

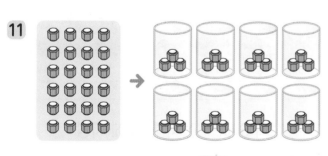

$24 \div 8 = \boxed{}$

12

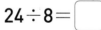

$35 \div 5 = \boxed{}$

◆ 공을 바구니에 똑같이 나누어 담으려고 합니다. 바구니 한 개에 공을 몇 개씩 담을 수 있는지 ○를 그려 넣고, ☐ 안에 알맞은 수를 써넣으세요.

13

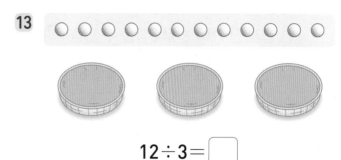

$12 \div 3 = \boxed{}$

14

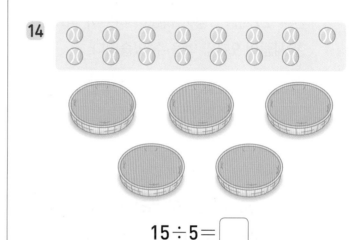

$15 \div 5 = \boxed{}$

15

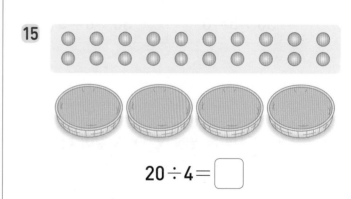

$20 \div 4 = \boxed{}$

16

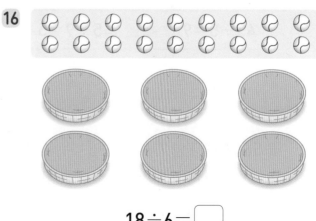

$18 \div 6 = \boxed{}$

◆ 주어진 문장을 나눗셈식으로 바르게 나타낸 것에 색칠해 보세요.

◆ 사탕을 접시에 똑같이 나누어 담으려고 합니다. 접시 한 개에 놓이는 사탕은 몇 개인지 구하세요.

17 떡 24개를 접시 4개에 똑같이 나누어 담으면 접시 한 개에 6개씩 담을 수 있습니다.

| $24 \div 4 = 6$ | $24 \div 6 = 4$ |

18 만두 27개를 3명이 똑같이 나누어 먹으면 한 사람이 9개씩 먹을 수 있습니다.

| $27 \div 3 = 9$ | $27 \div 9 = 3$ |

19 색종이 30장을 6명이 똑같이 나누어 가지면 한 사람이 5장씩 가질 수 있습니다.

| $30 \div 5 = 6$ | $30 \div 6 = 5$ |

20 연필 45자루를 필통 9개에 똑같이 나누어 담으면 필통 한 개에 5자루씩 담을 수 있습니다.

| $45 \div 5 = 9$ | $45 \div 9 = 5$ |

21 꽃 56송이를 꽃병 7개에 똑같이 나누어 꽂으면 꽃병 한 개에 8송이씩 꽂을 수 있습니다.

| $56 \div 7 = 8$ | $56 \div 8 = 7$ |

22

접시 4개 ➡ 접시 한 개에 사탕 [ ]개

접시 6개 ➡ 접시 한 개에 사탕 [ ]개

23

접시 2개 ➡ 접시 한 개에 사탕 [ ]개

접시 7개 ➡ 접시 한 개에 사탕 [ ]개

24

접시 3개 ➡ 접시 한 개에 사탕 [ ]개

접시 4개 ➡ 접시 한 개에 사탕 [ ]개

25

접시 6개 ➡ 접시 한 개에 사탕 [ ]개

접시 9개 ➡ 접시 한 개에 사탕 [ ]개

★ 완성 똑같이 나누기(1)

◆ 과일을 바구니에 똑같이 나누어 담으려고 합니다. 바구니 한 개에 과일을 몇 개씩 담아야 하는지 나눗셈식으로 나타내세요.

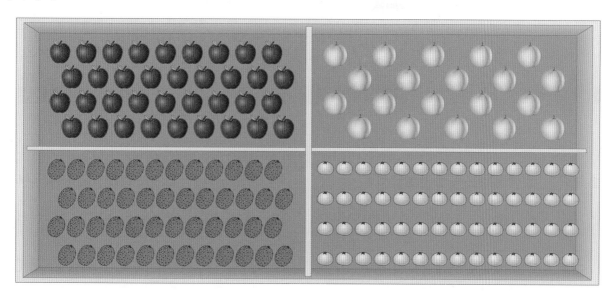

26

$36 \div 4 = \boxed{}$

28 🍊48개를 🧺8개에 똑같이 나누어 담기

$\boxed{} \div \boxed{} = \boxed{}$

27

$56 \div \boxed{} = \boxed{}$

29 🍈20개를 🧺5개에 똑같이 나누어 담기

$\boxed{} \div \boxed{} = \boxed{}$

╋ 문해력

30 과자 28개를 7명이 똑같이 나누어 먹으려고 합니다. 한 사람이 먹을 수 있는 과자는 몇 개일까요?

풀이 (전체 과자 수)÷(나누어 먹는 사람 수)

$= \boxed{} \div \boxed{} = \boxed{}$

답  한 사람이 먹을 수 있는 과자는 $\boxed{}$개입니다.

18을 3씩 묶으면 6묶음이 됩니다.

 → $18 \div 3 = 6$

묶음 수가
나눗셈의 몫이 돼.

12를 6씩 2번 덜어 내면 0이 됩니다.

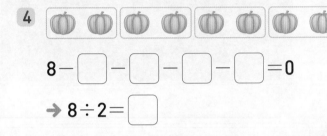 → $12 - 6 - 6 = 0$
→ $12 \div 6 = 2$

덜어 낸 횟수가
나눗셈의 몫이 돼.

◆ 그림을 보고 ⬚ 안에 알맞은 수를 써넣으세요.

1

딱지 **9**장을 한 사람에게 **3**장씩 주면
⬚ 명에게 나누어 줄 수 있습니다.

2

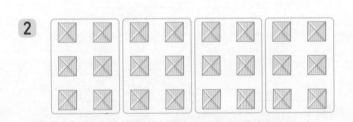

딱지 **24**장을 한 사람에게 **6**장씩 주면
⬚ 명에게 나누어 줄 수 있습니다.

3

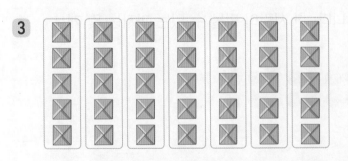

딱지 **35**장을 한 사람에게 **5**장씩 주면
⬚ 명에게 나누어 줄 수 있습니다.

◆ 그림을 보고 ⬚ 안에 알맞은 수를 써넣으세요.

4

$8 - \boxed{} - \boxed{} - \boxed{} - \boxed{} = 0$
→ $8 \div 2 = \boxed{}$

5

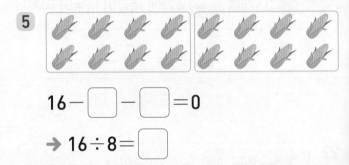

$16 - \boxed{} - \boxed{} = 0$
→ $16 \div 8 = \boxed{}$

6

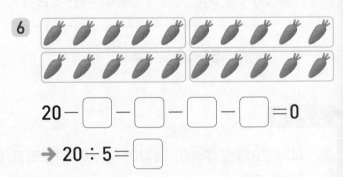

$20 - \boxed{} - \boxed{} - \boxed{} - \boxed{} = 0$
→ $20 \div 5 = \boxed{}$

7

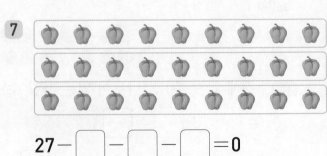

$27 - \boxed{} - \boxed{} - \boxed{} = 0$
→ $27 \div 9 = \boxed{}$

연습 똑같이 나누기 (2)

실수 콕! 8~13번 문제

$$63-9-9-9-9-9-9-9=0$$

$$\begin{bmatrix} 63 \div 9 = 7 \ \bigcirc \\ 63 \div 7 = 9 \ \times \end{bmatrix}$$ 뺄셈식을 나눗셈식으로 나타낼 때 식을 잘못 쓰지 않도록 조심!

◆ 뺄셈식을 나눗셈식으로 나타내세요.

8 $16-2-2-2-2-2-2-2-2=0$

$16 \div 2 = \boxed{}$

9 $24-8-8-8=0$

$24 \div \boxed{} = \boxed{}$

10 $30-5-5-5-5-5-5=0$

$30 \div \boxed{} = \boxed{}$

11 $42-6-6-6-6-6-6-6=0$

$42 \div \boxed{} = \boxed{}$

12 $56-7-7-7-7-7-7-7-7=0$

$56 \div \boxed{} = \boxed{}$

13 $45-9-9-9-9-9=0$

$45 \div \boxed{} = \boxed{}$

◆ 색연필을 주어진 수만큼씩 묶고, 색연필은 몇 묶음이 되는지 나눗셈식으로 나타내세요.

14

3자루씩 묶기

$15 \div 3 = \boxed{}$

15

5자루씩 묶기

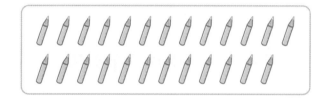

$25 \div 5 = \boxed{}$

16

6자루씩 묶기

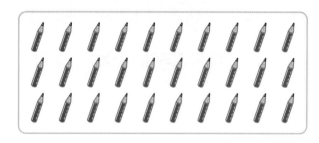

$30 \div 6 = \boxed{}$

17

7자루씩 묶기

$28 \div 7 = \boxed{}$

◆ 주어진 칸 수만큼씩을 한 도막으로 하여 자르고, 색 테이프는 몇 도막이 되는지 구하세요.

◆ 나눗셈식을 뺄셈식으로 바르게 나타낸 칸에 색칠해 보세요.

18
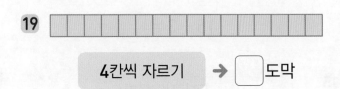

7칸씩 자르기 → ☐ 도막

24

$10 \div 2 = 5$

$10 - 2 - 2 - 2 - 2 - 2 = 0$

$10 - 5 - 5 = 0$

19
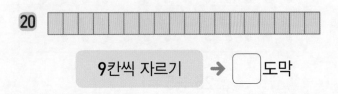

4칸씩 자르기 → ☐ 도막

25

$28 \div 4 = 7$

$28 - 7 - 7 - 7 - 7 = 0$

$28 - 4 - 4 - 4 - 4 - 4 - 4 - 4 = 0$

20
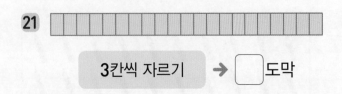

9칸씩 자르기 → ☐ 도막

26

$40 \div 8 = 5$

$40 - 5 - 5 - 5 - 5 - 5 - 5 - 5 - 5 = 0$

$40 - 8 - 8 - 8 - 8 - 8 = 0$

27

$12 \div 3 = 4$

$12 - 4 - 4 - 4 = 0$

$12 - 3 - 3 - 3 - 3 = 0$

21
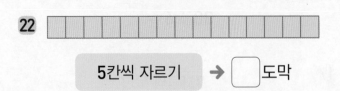

3칸씩 자르기 → ☐ 도막

22
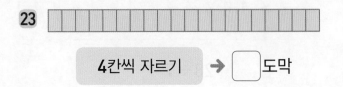

5칸씩 자르기 → ☐ 도막

28

$48 \div 6 = 8$

$48 - 6 - 6 - 6 - 6 - 6 - 6 - 6 - 6 = 0$

$48 - 8 - 8 - 8 - 8 - 8 - 8 = 0$

29

$42 \div 7 = 6$

$42 - 7 - 7 - 7 - 7 - 7 - 7 = 0$

$42 - 6 - 6 - 6 - 6 - 6 - 6 - 6 = 0$

23

4칸씩 자르기 → ☐ 도막

★ 완성 똑같이 나누기(2)

◆ 준비한 음식을 도시락에 주어진 개수씩 담으면 도시락 몇 개에 담을 수 있는지 나눗셈식으로 나타내세요.

30

유부초밥을
6개씩 담을 거야.

$18 \div \boxed{} = \boxed{}$

32

만두를
2개씩 담을 거야.

$\boxed{} \div \boxed{} = \boxed{}$

31

떡을
3개씩 담을 거야.

$\boxed{} \div \boxed{} = \boxed{}$

33

주먹밥을
4개씩 담을 거야.

$\boxed{} \div \boxed{} = \boxed{}$

➕문해력

34 빵 32개를 한 사람에게 4개씩 주려고 합니다. 빵을 몇 명에게 나누어 줄 수 있을까요?

풀이 (전체 빵의 수)÷(한 사람에게 주는 빵의 수)

$= \boxed{} \div \boxed{} = \boxed{}$

답 빵을 $\boxed{}$ 명에게 나누어 줄 수 있습니다.

곱셈과 나눗셈의 관계

곱셈식을 2개의 나눗셈식으로 나타낼 수 있습니다.

곱셈식	나눗셈식
$3 \times 6 = 18$	$18 \div 3 = 6$
	$18 \div 6 = 3$

나눗셈식을 2개의 곱셈식으로 나타낼 수 있습니다.

나눗셈식	곱셈식
$18 \div 3 = 6$	$3 \times 6 = 18$
	$6 \times 3 = 18$

◆ 그림을 보고 ☐ 안에 알맞은 수를 써넣으세요.

1

곱셈식 　　　　나눗셈식

$6 \times \boxed{} = 12 \rightarrow 12 \div 6 = \boxed{}$

2

곱셈식 　　　　나눗셈식

$2 \times \boxed{} = 10 \rightarrow 10 \div 2 = \boxed{}$

3

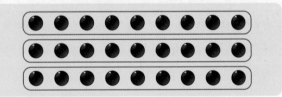

곱셈식 　　　　나눗셈식

$9 \times \boxed{} = 27 \rightarrow 27 \div 9 = \boxed{}$

4

곱셈식 　　　　나눗셈식

$3 \times \boxed{} = 24 \rightarrow 24 \div 3 = \boxed{}$

◆ 그림을 보고 ☐ 안에 알맞은 수를 써넣으세요.

5

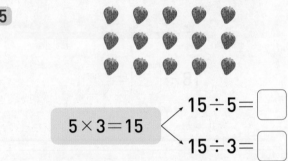

$5 \times 3 = 15$

$15 \div 5 = \boxed{}$

$15 \div 3 = \boxed{}$

6

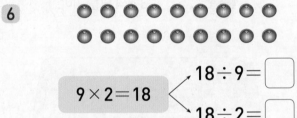

$9 \times 2 = 18$

$18 \div 9 = \boxed{}$

$18 \div 2 = \boxed{}$

7

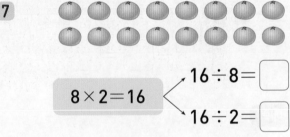

$8 \times 2 = 16$

$16 \div 8 = \boxed{}$

$16 \div 2 = \boxed{}$

8

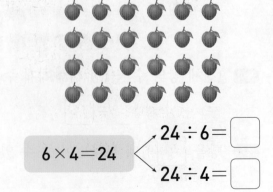

$6 \times 4 = 24$

$24 \div 6 = \boxed{}$

$24 \div 4 = \boxed{}$

연습 곱셈과 나눗셈의 관계

◆ 곱셈식을 나눗셈식으로 나타내세요.

9
$6 \times 7 = 42$

10
$9 \times 8 = 72$

11
$7 \times 2 = 14$

12
$5 \times 8 = 40$

13
$6 \times 9 = 54$

14
$8 \times 4 = 32$

15
$4 \times 7 = 28$

◆ 나눗셈식을 곱셈식으로 나타내세요.

16
$12 \div 4 = 3$

17
$48 \div 6 = 8$

18
$35 \div 5 = 7$

19
$63 \div 7 = 9$

20
$27 \div 9 = 3$

21
$56 \div 8 = 7$

22
$30 \div 5 = 6$

◆ 관계있는 것끼리 이어 보세요.

◆ 그림을 보고 곱셈식과 나눗셈식을 각각 2개씩 쓰세요.

23

$10 \div 2 = 5$ ·

$56 \div 7 = 8$ ·

· $2 \times 8 = 16$

· $2 \times 5 = 10$

· $7 \times 8 = 56$

24

$24 \div 4 = 6$ ·

$30 \div 6 = 5$ ·

· $6 \times 5 = 30$

· $6 \times 9 = 54$

· $6 \times 4 = 24$

25

$18 \div 2 = 9$ ·

$8 \div 4 = 2$ ·

· $9 \times 2 = 18$

· $9 \times 9 = 81$

· $4 \times 2 = 8$

26

$27 \div 3 = 9$ ·

$63 \div 9 = 7$ ·

· $3 \times 9 = 27$

· $9 \times 4 = 36$

· $7 \times 9 = 63$

27

$48 \div 8 = 6$ ·

$45 \div 5 = 9$ ·

· $5 \times 9 = 45$

· $8 \times 8 = 64$

· $6 \times 8 = 48$

28

곱셈식 _____ , _____

나눗셈식 _____ , _____

29

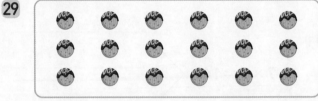

곱셈식 _____ , _____

나눗셈식 _____ , _____

30

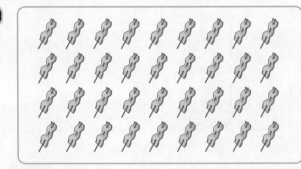

곱셈식 _____ , _____

나눗셈식 _____ , _____

31

곱셈식 _____ , _____

나눗셈식 _____ , _____

★ **완성** 곱셈과 나눗셈의 관계

◆ 그림을 보고 곱셈식과 나눗셈식으로 나타낸 것을 선으로 이은 것입니다. ☐ 안에 알맞은 수를 써넣으세요.

32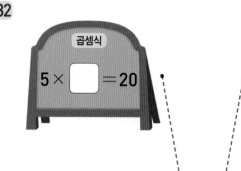
곱셈식
$5 \times \boxed{} = 20$

나눗셈식
$21 \div 7 = \boxed{}$

33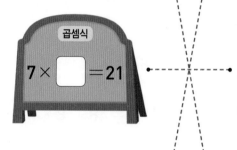
곱셈식
$7 \times \boxed{} = 21$

나눗셈식
$20 \div 4 = \boxed{}$

34
곱셈식
$6 \times \boxed{} = 30$

나눗셈식
$30 \div 5 = \boxed{}$

+ 문해력

35 문장에 알맞은 곱셈식을 만들고, 만든 곱셈식을 나눗셈식으로 나타내세요.

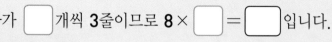
상자에 사과가 **8**개씩 **3**줄로 놓여 있습니다.

풀이 사과가 $\boxed{}$ 개씩 **3**줄이므로 $8 \times \boxed{} = \boxed{}$ 입니다.

곱셈식을 나눗셈식으로 나타내면 $\boxed{} \div 8 = \boxed{}$, $\boxed{} \div \boxed{} = 8$입니다.

답 곱셈식 $8 \times \boxed{} = \boxed{}$ 나눗셈식 $\boxed{} \div 8 = \boxed{}$, $\boxed{} \div \boxed{} = 8$

12÷3=□의 몫 □는 3×4=12를 이용하여 구할 수 있습니다.

12÷3= 4

3 × 4 = 12

3과 곱해서 12가 되는 곱셈식을 찾아.

63÷7의 몫은 7과 곱했을 때 곱이 63이 되는 곱셈식을 찾습니다.

63÷7 →

7 × 7 = 49	
7 × 8 = 56	
7 × 9 = 63	○

63÷7의 몫은 9야.

◆ 나눗셈의 몫을 곱셈식으로 구하려고 합니다. □ 안에 알맞은 수를 써넣으세요.

1

20÷5=□

5 × □ = 20

2

45÷9=□

9 × □ = 45

3

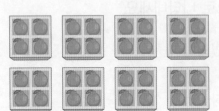

32÷4=□

4 × □ = 32

◆ 나눗셈의 몫을 구하는 데 필요한 곱셈식을 찾아 ○표 하세요.

4

56÷8

8 × 5 = 40	8 × 6 = 48	8 × 7 = 56

5

12÷6

6 × 2 = 12	6 × 3 = 18	6 × 4 = 24

6

49÷7

7 × 6 = 42	7 × 7 = 49	7 × 8 = 56

7

27÷9

9 × 3 = 27	9 × 4 = 36	9 × 5 = 45

연습 나눗셈의 몫을 곱셈으로 구하기

◆ ☐ 안에 알맞은 수를 써넣으세요.

8 $6 \div 3 = \boxed{} \rightarrow 3 \times \boxed{} = 6$

9 $10 \div 2 = \boxed{} \rightarrow 2 \times \boxed{} = 10$

10 $24 \div 4 = \boxed{} \rightarrow 4 \times \boxed{} = 24$

11 $16 \div 8 = \boxed{} \rightarrow 8 \times \boxed{} = 16$

12 $30 \div 6 = \boxed{} \rightarrow 6 \times \boxed{} = 30$

13 $21 \div 7 = \boxed{} \rightarrow 7 \times \boxed{} = 21$

14 $54 \div 9 = \boxed{} \rightarrow 9 \times \boxed{} = 54$

15 $15 \div 5 = \boxed{} \rightarrow 5 \times \boxed{} = 15$

◆ 나눗셈의 몫을 구하세요.

16 ① $8 \div 2$

② $12 \div 2$

17 ① $15 \div 3$

② $27 \div 3$

18 ① $28 \div 4$

② $32 \div 4$

19 ① $30 \div 5$

② $45 \div 5$

20 ① $18 \div 6$

② $42 \div 6$

21 ① $28 \div 7$

② $56 \div 7$

22 ① $32 \div 8$

② $48 \div 8$

23 ① $36 \div 9$

② $72 \div 9$

◆ 빈칸에 알맞은 수를 써넣으세요.

24
12	24	27
÷3

25
16	20	24
÷4

26
10	15	40
÷5

27
18	30	48
÷6

28
14	42	49
÷7

29
24	32	40
÷8

30
18	27	36
÷9

◆ 몫의 크기를 비교하여 ○ 안에 >, =, <를 알맞게 써넣으세요.

31 $18 \div 3$ ◯ $45 \div 5$

32 $21 \div 7$ ◯ $12 \div 4$

33 $18 \div 2$ ◯ $64 \div 8$

34 $72 \div 9$ ◯ $54 \div 6$

35 $36 \div 6$ ◯ $81 \div 9$

36 $9 \div 3$ ◯ $72 \div 8$

37 $36 \div 4$ ◯ $30 \div 5$

38 $56 \div 7$ ◯ $24 \div 6$

★ 완성 나눗셈의 몫을 곱셈으로 구하기

◆ 나눗셈의 몫이 같은 것을 따라가면서 미로를 통과해 보세요.

39

+문해력

40 도넛 48개를 한 상자에 8개씩 넣어 포장하였습니다. 포장한 도넛은 몇 상자일까요?

풀이 (전체 도넛 수)÷(한 상자에 넣은 도넛 수)

= ☐ ÷ ☐ = ☐

답 포장한 도넛은 ☐ 상자입니다.

◆ 사탕을 바구니에 똑같이 나누어 담으려고 합니다. 바구니 한 개에 사탕을 몇 개씩 담을 수 있는지 ○를 그려 넣고, ☐ 안에 알맞은 수를 써넣으세요.

1

$21 \div 3 =$ ☐

2

$14 \div 2 =$ ☐

3

$24 \div 3 =$ ☐

4

$30 \div 5 =$ ☐

◆ 꽃을 주어진 수만큼씩 묶고, 꽃은 몇 묶음이 되는지 나눗셈식으로 나타내세요.

5

3송이씩 묶기

$12 \div 3 =$ ☐

6

4송이씩 묶기

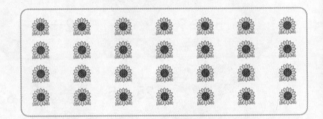

$28 \div 4 =$ ☐

7

8송이씩 묶기

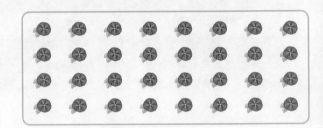

$32 \div 8 =$ ☐

8

9송이씩 묶기

$36 \div 9 =$ ☐

◆ 곱셈식은 나눗셈식으로, 나눗셈식은 곱셈식으로 나타내세요.

9

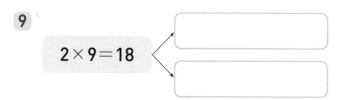

$2 \times 9 = 18$

10

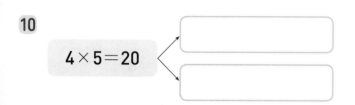

$4 \times 5 = 20$

11

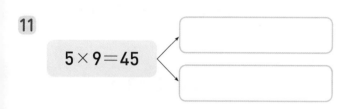

$5 \times 9 = 45$

12

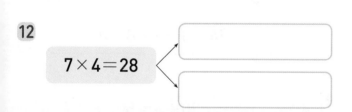

$7 \times 4 = 28$

13

$21 \div 7 = 3$

14

$42 \div 6 = 7$

15

$72 \div 8 = 9$

◆ 나눗셈의 몫을 구하세요.

16 ① $10 \div 2$

② $16 \div 2$

17 ① $9 \div 3$

② $18 \div 3$

18 ① $16 \div 4$

② $36 \div 4$

19 ① $25 \div 5$

② $35 \div 5$

20 ① $12 \div 6$

② $48 \div 6$

21 ① $14 \div 7$

② $63 \div 7$

22 ① $16 \div 8$

② $40 \div 8$

23 ① $27 \div 9$

② $54 \div 9$

3^{단원}

18회

◆ 쿠키를 접시에 똑같이 나누어 담으려고 합니다. 접시 한 개에 놓이는 쿠키는 몇 개인지 구하세요.

1

접시 **2**개 ➡ 접시 한 개에 쿠키 [   ]개

접시 **4**개 ➡ 접시 한 개에 쿠키 [   ]개

2

접시 **2**개 ➡ 접시 한 개에 쿠키 [   ]개

접시 **8**개 ➡ 접시 한 개에 쿠키 [   ]개

3

접시 **4**개 ➡ 접시 한 개에 쿠키 [   ]개

접시 **5**개 ➡ 접시 한 개에 쿠키 [   ]개

4

접시 **4**개 ➡ 접시 한 개에 쿠키 [   ]개

접시 **6**개 ➡ 접시 한 개에 쿠키 [   ]개

◆ 나눗셈식을 뺄셈식으로 바르게 나타낸 칸에 색칠해 보세요.

5

$6 \div 3 = 2$

$6 - 2 - 2 - 2 = 0$

$6 - 3 - 3 = 0$

6

$12 \div 4 = 3$

$12 - 4 - 4 - 4 = 0$

$12 - 3 - 3 - 3 - 3 = 0$

7

$24 \div 8 = 3$

$24 - 3 - 3 - 3 - 3 - 3 - 3 - 3 - 3 = 0$

$24 - 8 - 8 - 8 = 0$

8

$30 \div 6 = 5$

$30 - 5 - 5 - 5 - 5 - 5 - 5 = 0$

$30 - 6 - 6 - 6 - 6 - 6 = 0$

9

$14 \div 7 = 2$

$14 - 2 - 2 - 2 - 2 - 2 - 2 - 2 = 0$

$14 - 7 - 7 = 0$

10

$45 \div 5 = 9$

$45 - 5 - 5 - 5 - 5 - 5 - 5 - 5 - 5 - 5 = 0$

$45 - 9 - 9 - 9 - 9 - 9 = 0$

◆ 그림을 보고 곱셈식과 나눗셈식을 각각 2개씩 쓰세요.

11

곱셈식 _____ ,

나눗셈식 _____ ,

12

곱셈식 _____ ,

나눗셈식 _____ ,

13

곱셈식 _____ ,

나눗셈식 _____ ,

14

곱셈식 _____ ,

나눗셈식 _____ ,

◆ 몫의 크기를 비교하여 ○ 안에 >, =, <를 알맞게 써넣으세요.

15 $56 \div 8$ ◯ $10 \div 5$

16 $45 \div 9$ ◯ $24 \div 4$

17 $25 \div 5$ ◯ $49 \div 7$

18 $32 \div 4$ ◯ $48 \div 8$

19 $21 \div 3$ ◯ $28 \div 7$

20 $42 \div 6$ ◯ $40 \div 5$

21 $14 \div 2$ ◯ $63 \div 9$

22 $24 \div 3$ ◯ $32 \div 8$

4 곱셈

다음에 배울 내용

[3-2] 곱셈
(세 자리 수)×(한 자리 수)
(한 자리 수)×(두 자리 수)
(두 자리 수)×(두 자리 수)

25회

평가 B

22회

(두 자리 수)
×(한 자리 수) (3)

24회

평가 A

23회

(두 자리 수)
×(한 자리 수) (4)

≫ 올림이 없는 경우

24 × 2를 수 모형으로 알아봅니다.

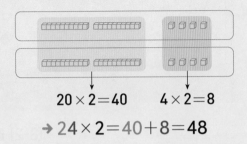

$20 × 2 = 40$ $4 × 2 = 8$

→ $24 × 2 = 40 + 8 = 48$

24 × 2의 계산은 24의 십의 자리 수와 일의 자리 수에 각각 2를 곱합니다.

방법 1
```
    2 4
  ×   2
─────────
      8  → 4 × 2
    4 0  → 20 × 2
─────────
    4 8
```

방법 2
```
    2 4
  ×   2
─────────
    4 8
```

◆ 수 모형을 보고 ◻ 안에 알맞은 수를 써넣으세요.

1

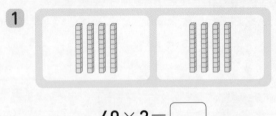

$40 × 2 = \boxed{}$

2

$20 × 3 = \boxed{}$

3

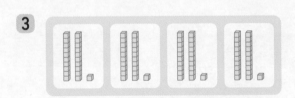

$21 × 4$ ⟨ $20 × 4 = \boxed{}$ / $1 × 4 = \boxed{}$ ⟩ $\boxed{}$

4

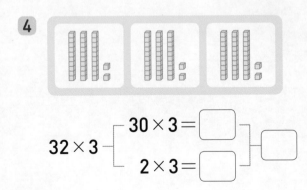

$32 × 3$ ⟨ $30 × 3 = \boxed{}$ / $2 × 3 = \boxed{}$ ⟩ $\boxed{}$

◆ 곱셈을 해 보세요.

5 ①
```
    1 0
  ×   5
─────────
```
②
```
    1 1
  ×   5
─────────
```

6 ①
```
    4 0
  ×   2
─────────
```
②
```
    4 2
  ×   2
─────────
```

7 ①
```
    2 0
  ×   2
─────────
```
②
```
    2 1
  ×   2
─────────
```

8 ①
```
    3 0
  ×   2
─────────
```
②
```
    3 4
  ×   2
─────────
```

9 ①
```
    1 0
  ×   7
─────────
```
②
```
    1 1
  ×   7
─────────
```

 **연습** (두 자리 수) × (한 자리 수) (1)

 16~23번 문제

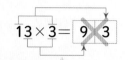

계산 결과를 각 자리에 맞춰 써야 하니까 조심!

◆ 곱셈을 해 보세요.

10 ①
$$\begin{array}{r} 1\ 0 \\ \times\quad 8 \\ \hline \end{array}$$
②
$$\begin{array}{r} 1\ 0 \\ \times\quad 9 \\ \hline \end{array}$$

11 ①
$$\begin{array}{r} 1\ 1 \\ \times\quad 6 \\ \hline \end{array}$$
②
$$\begin{array}{r} 1\ 1 \\ \times\quad 9 \\ \hline \end{array}$$

12 ①
$$\begin{array}{r} 1\ 2 \\ \times\quad 2 \\ \hline \end{array}$$
②
$$\begin{array}{r} 1\ 2 \\ \times\quad 4 \\ \hline \end{array}$$

13 ①
$$\begin{array}{r} 2\ 2 \\ \times\quad 2 \\ \hline \end{array}$$
②
$$\begin{array}{r} 2\ 2 \\ \times\quad 3 \\ \hline \end{array}$$

14 ①
$$\begin{array}{r} 2\ 3 \\ \times\quad 2 \\ \hline \end{array}$$
②
$$\begin{array}{r} 2\ 3 \\ \times\quad 3 \\ \hline \end{array}$$

15 ①
$$\begin{array}{r} 3\ 1 \\ \times\quad 2 \\ \hline \end{array}$$
②
$$\begin{array}{r} 3\ 1 \\ \times\quad 3 \\ \hline \end{array}$$

◆ 곱셈을 해 보세요.

16 ① 10×3

② 30×3

17 ① 10×4

② 20×4

18 ① 11×2

② 14×2

19 ① 13×2

② 44×2

20 ① 32×2

② 41×2

21 ① 11×3

② 21×3

22 ① 12×3

② 33×3

23 ① 11×4

② 22×4

4단원 20회

◆ 빈칸에 알맞은 수를 써넣으세요.

24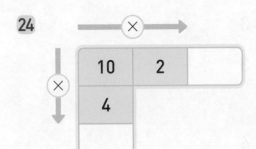

25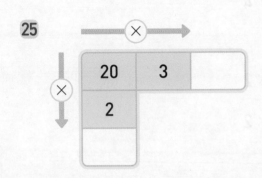

26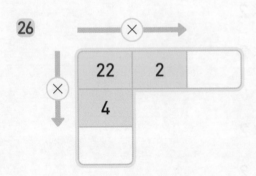

27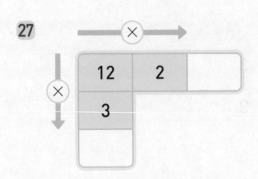

28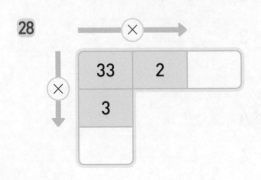

◆ 계산 결과가 더 큰 것에 ○표 하세요.

29
20×4	30×3
( )	( )

30
40×2	10×6
( )	( )

31
12×4	21×2
( )	( )

32
32×2	22×3
( )	( )

33
11×8	21×4
( )	( )

34
41×2	31×3
( )	( )

35
11×6	23×3
( )	( )

★ **완성** **(두 자리 수) × (한 자리 수)** (1)

◆ 계산 결과가 적힌 칸을 찾아 색칠해 보세요.

36

14 × 2

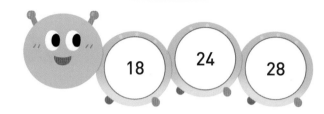

18　24　28

39

13 × 2

26　16　23

37

34 × 2

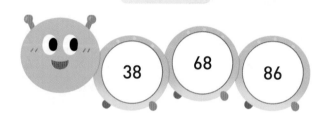

38　68　86

40

44 × 2

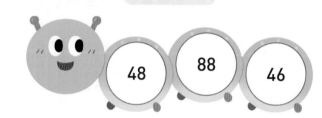

48　88　46

38

42 × 2

84　44　48

41

21 × 3

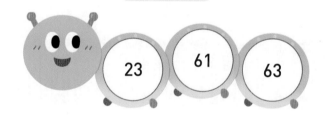

23　61　63

4 단원
20회

+문해력

42 세 변의 길이가 모두 같은 삼각형이 있습니다. 이 삼각형의 한 변의 길이가
[32 cm]일 때 [세 변]의 길이의 합은 몇 cm일까요?

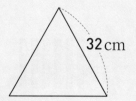

32 cm

풀이 (한 변의 길이) × (변의 수)

= ☐ × ☐ = ☐

답 세 변의 길이의 합은 ☐ cm입니다.

개념 (두 자리 수) × (한 자리 수) (2)

≫ 십의 자리에서 올림이 있는 경우

64×2를 수 모형으로 알아봅니다.

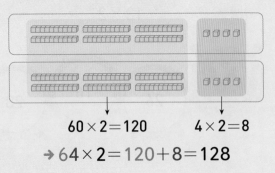

$60 \times 2 = 120$ $4 \times 2 = 8$

→ $64 \times 2 = 120 + 8 = 128$

64×2의 십의 자리 계산에서 올림한 수는 백의 자리에 씁니다.

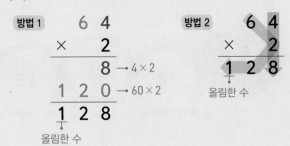

방법 1
$$
\begin{array}{r}
6\ 4 \\
\times\quad 2 \\
\hline
8 \\
1\ 2\ 0 \\
\hline
1\ 2\ 8
\end{array}
$$
→ 4×2
→ 60×2
올림한 수

방법 2
올림한 수

◆ 수 모형을 보고 ☐ 안에 알맞은 수를 써넣으세요.

1

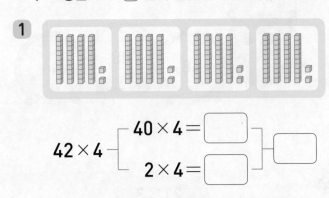

$42 \times 4 \begin{cases} 40 \times 4 = \boxed{} \\ 2 \times 4 = \boxed{} \end{cases} \boxed{}$

2

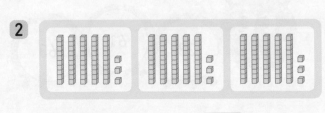

$53 \times 3 \begin{cases} 50 \times 3 = \boxed{} \\ 3 \times 3 = \boxed{} \end{cases} \boxed{}$

3

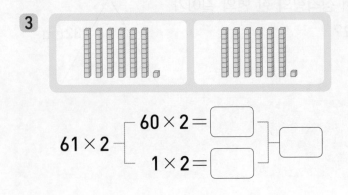

$61 \times 2 \begin{cases} 60 \times 2 = \boxed{} \\ 1 \times 2 = \boxed{} \end{cases} \boxed{}$

◆ 곱셈을 해 보세요.

4 ①
$$
\begin{array}{r}
2\ 1 \\
\times\quad 6 \\
\hline
\end{array}
$$
→ 1×6
→ 20×6

②
$$
\begin{array}{r}
3\ 2 \\
\times\quad 4 \\
\hline
\end{array}
$$

5 ①
$$
\begin{array}{r}
5\ 1 \\
\times\quad 7 \\
\hline
\end{array}
$$
→ 1×7
→ 50×7

②
$$
\begin{array}{r}
9\ 1 \\
\times\quad 2 \\
\hline
\end{array}
$$

6 ①
$$
\begin{array}{r}
6\ 3 \\
\times\quad 3 \\
\hline
\end{array}
$$
→ 3×3
→ 60×3

②
$$
\begin{array}{r}
4\ 1 \\
\times\quad 5 \\
\hline
\end{array}
$$

7 ①
$$
\begin{array}{r}
8\ 4 \\
\times\quad 2 \\
\hline
\end{array}
$$
→ 4×2
→ 80×2

②
$$
\begin{array}{r}
7\ 2 \\
\times\quad 4 \\
\hline
\end{array}
$$

 **연습** (두 자리 수)×(한 자리 수)⑵

실수 콕! 8~21번 문제

```
    5 1          5 1
  ×   2        ×   2
 ─────        ─────
      2            2
  1 0 0        1 0
 ─────        ─────
  1 0 2        1 2
```
계산 결과의 자리 수를 맞추어 써야 해!

◆ 곱셈을 해 보세요.

8 ①
```
    3 1
  ×   5
```
②
```
    3 1
  ×   8
```

9 ①
```
    4 1
  ×   3
```
②
```
    4 1
  ×   4
```

10 ①
```
    5 2
  ×   2
```
②
```
    5 2
  ×   3
```

11 ①
```
    7 1
  ×   3
```
②
```
    7 1
  ×   7
```

12 ①
```
    8 2
  ×   2
```
②
```
    8 2
  ×   4
```

13 ①
```
    9 3
  ×   2
```
②
```
    9 3
  ×   3
```

◆ 곱셈을 해 보세요.

14 ① 53×2

② 81×2

15 ① 83×2

② 92×2

16 ① 43×3

② 72×3

17 ① 62×3

② 81×3

18 ① 73×3

② 82×3

19 ① 52×4

② 61×4

20 ① 31×6

② 41×6

21 ① 21×9

② 51×9

◆ 빈칸에 알맞은 수를 써넣으세요.

22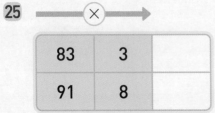

41	7	
54	2	

23 ×→

62	2	
71	5	

24 ×→

51	4	
61	9	

25 ×→

83	3	
91	8	

26 ×→

31	7	
81	6	

27 ×→

72	2	
92	4	

◆ 계산 결과를 찾아 이어 보세요.

28

21 × 7 ·

73 × 2 ·

· 145

· 146

· 147

29

51 × 5 ·

31 × 9 ·

· 279

· 259

· 255

30

71 × 2 ·

63 × 2 ·

· 142

· 126

· 124

31

41 × 8 ·

92 × 3 ·

· 276

· 328

· 348

32

62 × 4 ·

71 × 4 ·

· 248

· 288

· 284

★ 완성 (두 자리 수)×(한 자리 수)(2)

◆ 기차가 계산 결과가 맞으면 ➡, 틀리면 ⬇를 따라갈 때 도착하는 역에 ◯표 하세요.

33

＋문해력

34 과자가 한 상자에 [21개씩] [8상자] 있습니다. 과자는 모두 몇 개일까요?

풀이 (한 상자의 과자 수)×(상자 수)

= ☐ × ☐ = ☐

답 과자는 모두 ☐ 개입니다.

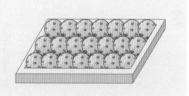

개념 (두 자리 수) × (한 자리 수) (3)

≫ 일의 자리에서 올림이 있는 경우

22회 월 / 일

24 × 3을 수 모형으로 알아봅니다.

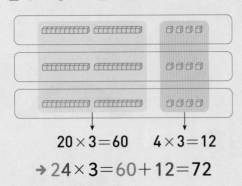

$$20 \times 3 = 60 \qquad 4 \times 3 = 12$$

→ $24 \times 3 = 60 + 12 = 72$

24 × 3의 일의 자리 계산에서 올림한 수는 십의 자리 계산에 더합니다.

방법 1
```
      2 4
  ×     3
  ───────
    1 2  → 4×3
    6 0  → 20×3
  ───────
    7 2
```

방법 2
```
    1
    2 4
  ×   3
  ─────
    7 2
```
2×3=6,
1+6=7

◆ 수 모형을 보고 ☐ 안에 알맞은 수를 써넣으세요.

1

$$15 \times 3 \begin{cases} 10 \times 3 = \boxed{} \\ 5 \times 3 = \boxed{} \end{cases} \boxed{}$$

2

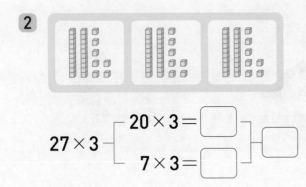

$$27 \times 3 \begin{cases} 20 \times 3 = \boxed{} \\ 7 \times 3 = \boxed{} \end{cases} \boxed{}$$

3

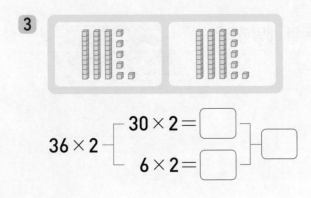

$$36 \times 2 \begin{cases} 30 \times 2 = \boxed{} \\ 6 \times 2 = \boxed{} \end{cases} \boxed{}$$

◆ 곱셈을 해 보세요.

4 ①
```
      1 5
  ×     4
  ───────
```
②
```
      1 7
  ×     2
  ───────
```

5 ①
```
      1 8
  ×     2
  ───────
```
②
```
      2 8
  ×     3
  ───────
```

6 ①
```
      2 5
  ×     3
  ───────
```
②
```
      3 8
  ×     2
  ───────
```

7 ①
```
      3 5
  ×     2
  ───────
```
②
```
      4 7
  ×     2
  ───────
```

8 ①
```
      3 9
  ×     2
  ───────
```
②
```
      4 5
  ×     2
  ───────
```

 (두 자리 수) × (한 자리 수) (3)

 9~22번 문제

일의 자리 계산에서 올림한 수를 잊으면 안 돼!

 곱셈을 해 보세요.

9 ①
```
   1 4
 ×   6
```
②
```
   1 4
 ×   7
```

10 ①
```
   1 6
 ×   5
```
②
```
   1 6
 ×   6
```

11 ①
```
   1 7
 ×   4
```
②
```
   1 7
 ×   5
```

12 ①
```
   1 9
 ×   2
```
②
```
   1 9
 ×   3
```

13 ①
```
   2 6
 ×   2
```
②
```
   2 6
 ×   3
```

14 ①
```
   2 9
 ×   2
```
②
```
   2 9
 ×   3
```

◆ 곱셈을 해 보세요.

15 ① 15 × 2
② 27 × 2

16 ① 16 × 2
② 48 × 2

17 ① 25 × 2
② 37 × 2

18 ① 14 × 3
② 16 × 3

19 ① 17 × 3
② 18 × 3

20 ① 13 × 4
② 23 × 4

21 ① 12 × 5
② 14 × 5

22 ① 15 × 5
② 18 × 5

◆ 빈칸에 알맞은 수를 써넣으세요.

23

×6

12	15

24

×3

19	26

25

×2

38	49

26

×4

19	23

27

×5

13	16

28

×7

12	13

◆ 계산 결과를 비교하여 ○ 안에 >, =, <를 알맞게 써넣으세요.

29 29×3 ○ 46×2

30 35×2 ○ 16×4

31 18×4 ○ 36×2

32 24×4 ○ 19×5

33 25×3 ○ 28×2

34 26×2 ○ 18×3

35 17×5 ○ 14×6

36 15×5 ○ 13×6

★ 완성 (두 자리 수) × (한 자리 수) (3)

◆ 알맞은 계산 결과가 쓰여 있는 화분을 찾아 이어 보세요.

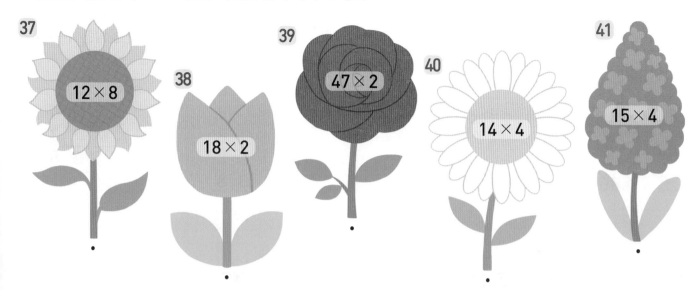

37 12 × 8
38 18 × 2
39 47 × 2
40 14 × 4
41 15 × 4

36   96   56   60   94

+ 문해력

42 소미는 새로 산 책을 하루에 12쪽씩 매일 읽고 있습니다. 소미가 일주일 동안 읽은 책은 모두 몇 쪽일까요?

풀이 (하루에 읽은 쪽수) × (읽은 날수)

= ☐ × ☐ = ☐

답 소미가 일주일 동안 읽은 책은 모두 ☐ 쪽입니다.

≫ 십, 일의 자리에서 올림이 있는 경우

46×3을 수 모형으로 알아봅니다.

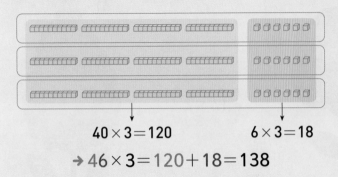

$40 \times 3 = 120$ $6 \times 3 = 18$

→ $46 \times 3 = 120 + 18 = 138$

46×3의 일의 자리 계산에서 올림한 수는 십의 자리 계산에 더하고, 십의 자리 계산에서 올림한 수는 백의 자리에 씁니다.

방법 1
```
      4 6
  ×     3
  ─────────
      1 8 → 6×3
    1 2 0 → 40×3
  ─────────
    1 3 8
```

방법 2
```
      1
      4 6
  ×     3
  ─────────
    1 3 8
```
$4 \times 3 = 12,$
$1 + 12 = 13$

◆ 수 모형을 보고 ◯ 안에 알맞은 수를 써넣으세요.

1
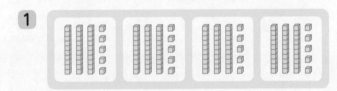

35×4 ─┬ $30 \times 4 = \boxed{}$ ─┐
            └ $5 \times 4 = \boxed{}$ ─┴ $\boxed{}$

2

44×3 ─┬ $40 \times 3 = \boxed{}$ ─┐
            └ $4 \times 3 = \boxed{}$ ─┴ $\boxed{}$

3
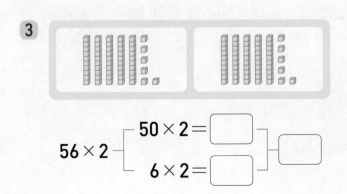

56×2 ─┬ $50 \times 2 = \boxed{}$ ─┐
            └ $6 \times 2 = \boxed{}$ ─┴ $\boxed{}$

◆ 곱셈을 해 보세요.

4 ①
```
      ◯
    2 6
  ×   5
  ──────
```
②
```
      ◯
    4 9
  ×   3
  ──────
```

5 ①
```
      ◯
    2 9
  ×   4
  ──────
```
②
```
      ◯
    3 5
  ×   7
  ──────
```

6 ①
```
      ◯
    3 7
  ×   8
  ──────
```
②
```
      ◯
    9 5
  ×   6
  ──────
```

7 ①
```
      ◯
    5 2
  ×   7
  ──────
```
②
```
      ◯
    7 4
  ×   6
  ──────
```

8 ①
```
      ◯
    5 8
  ×   6
  ──────
```
②
```
      ◯
    6 3
  ×   4
  ──────
```

연습 (두 자리 수) × (한 자리 수) (4)

실수 콕! 9~22번 문제

```
     2
   3 5        3 5
 ×   5      ×   5
 ─────      ─────
 1 7 5      1 5 5
```

올림한 수를 작게 써서
빠뜨리지 않도록 조심!

◆ 곱셈을 해 보세요.

9 ①
```
     2 4
   ×   6
```
②
```
     2 4
   ×   9
```

10 ①
```
     3 8
   ×   5
```
②
```
     3 8
   ×   8
```

11 ①
```
     4 6
   ×   9
```
②
```
     4 6
   ×   5
```

12 ①
```
     5 3
   ×   4
```
②
```
     5 3
   ×   7
```

13 ①
```
     6 8
   ×   7
```
②
```
     6 8
   ×   8
```

14 ①
```
     7 3
   ×   4
```
②
```
     7 3
   ×   7
```

◆ 곱셈을 해 보세요.

15 ① 58×2

② 79×2

16 ① 55×3

② 64×3

17 ① 39×4

② 65×4

18 ① 27×5

② 37×5

19 ① 52×6

② 62×6

20 ① 28×7

② 34×7

21 ① 14×8

② 22×8

22 ① 43×9

② 53×9

4단원
23회

◆ ☐ 안에 알맞은 수를 써넣으세요.

23
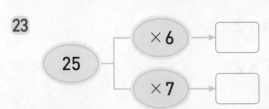

24
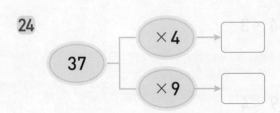

25
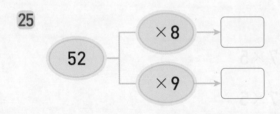

26
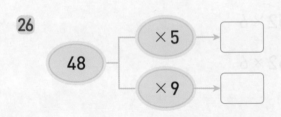

27
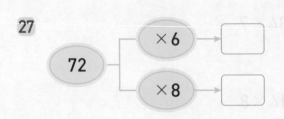

28

◆ 계산 결과가 더 작은 것의 기호를 쓰세요.

29
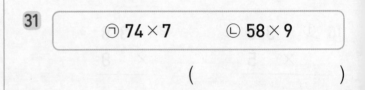
| ㉠ 36 × 8 | ㉡ 64 × 4 |

( )

30
| ㉠ 57 × 6 | ㉡ 83 × 4 |

( )

31
| ㉠ 74 × 7 | ㉡ 58 × 9 |

( )

32
| ㉠ 94 × 5 | ㉡ 67 × 7 |

( )

33
| ㉠ 28 × 5 | ㉡ 47 × 3 |

( )

34
| ㉠ 36 × 4 | ㉡ 29 × 6 |

( )

35
| ㉠ 45 × 9 | ㉡ 65 × 6 |

( )

★ 완성 (두 자리 수) × (한 자리 수) (4)

◆ 유령이 지나가는 길이 올바른 곱셈식이 되도록 선을 그려 보세요.

36
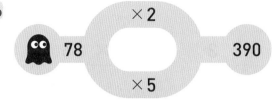

39
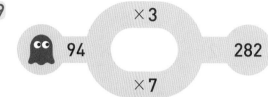

37
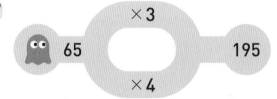

40
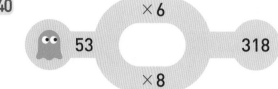

38
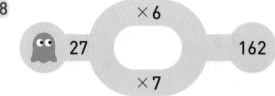

41
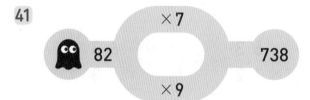

+ 문해력

42 구슬 26개를 한 줄에 꿰어 목걸이 한 개를 만들었습니다. 똑같은 목걸이 6개를 만드는 데 사용한 구슬은 모두 몇 개일까요?

풀이 (목걸이 한 개를 만드는 데 사용한 구슬 수) × (목걸이 수)

= ☐ × ☐ = ☐

답 사용한 구슬은 모두 ☐ 개입니다.

◆ 곱셈을 해 보세요.

1 ①　　2 0
　　　× 　2
　　　─────

② 　　2 0
　　× 　4
　　─────

2 ①　　1 1
　　　× 　5
　　　─────

② 　　1 1
　　× 　8
　　─────

3 ①　　3 2
　　　× 　2
　　　─────

② 　　3 2
　　× 　3
　　─────

4 ①　　6 3
　　　× 　2
　　　─────

② 　　6 3
　　× 　3
　　─────

5 ①　　4 1
　　　× 　7
　　　─────

② 　　4 1
　　× 　9
　　─────

6 ①　　9 2
　　　× 　3
　　　─────

② 　　9 2
　　× 　4
　　─────

7 ①　　6 1
　　　× 　5
　　　─────

② 　　6 1
　　× 　8
　　─────

◆ 곱셈을 해 보세요.

8 ①　　1 4
　　　× 　3
　　　─────

② 　　1 4
　　× 　6
　　─────

9 ①　　1 9
　　　× 　4
　　　─────

② 　　1 9
　　× 　5
　　─────

10 ①　　2 4
　　　× 　3
　　　─────

② 　　2 4
　　× 　4
　　─────

11 ①　　3 5
　　　× 　3
　　　─────

② 　　3 5
　　× 　8
　　─────

12 ①　　4 7
　　　× 　4
　　　─────

② 　　4 7
　　× 　6
　　─────

13 ①　　5 6
　　　× 　3
　　　─────

② 　　5 6
　　× 　5
　　─────

14 ①　　8 9
　　　× 　7
　　　─────

② 　　8 9
　　× 　9
　　─────

◆ 곱셈을 해 보세요.

15 ① 20×3

   ② 30×3

16 ① 10×2

   ② 40×2

17 ① 12×4

   ② 21×4

18 ① 11×3

   ② 23×3

19 ① 51×5

   ② 81×5

20 ① 52×2

   ② 82×2

21 ① 61×3

   ② 93×3

22 ① 31×4

   ② 72×4

◆ 곱셈을 해 보세요.

23 ① 17×2

   ② 38×2

24 ① 28×2

   ② 49×2

25 ① 15×3

   ② 26×3

26 ① 16×4

   ② 18×4

27 ① 62×5

   ② 77×5

28 ① 28×6

   ② 94×6

29 ① 43×7

   ② 54×7

30 ① 33×8

   ② 86×8

4단원

24회

◆ 빈칸에 알맞은 수를 써넣으세요.

1

×2

34 ☐

2

×7

91 ☐

3

×2

19 ☐

4

×3

29 ☐

5

×9

42 ☐

6

×3

66 ☐

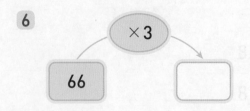

◆ 계산 결과를 비교하여 ◯ 안에 >, =, <를 알맞게 써넣으세요.

7 11×7 ◯ 42×2

8 43×2 ◯ 33×3

9 52×4 ◯ 71×3

10 61×6 ◯ 51×7

11 45×2 ◯ 28×3

12 17×4 ◯ 16×5

13 44×9 ◯ 64×6

14 78×7 ◯ 59×8

◆ 계산 결과를 찾아 이어 보세요.

15

31 × 2 •

23 × 4 •

• 92

• 62

• 82

16

57 × 2 •

83 × 2 •

• 134

• 166

• 114

17

14 × 5 •

11 × 9 •

• 50

• 70

• 99

18

19 × 8 •

29 × 5 •

• 145

• 162

• 152

19

44 × 7 •

82 × 4 •

• 308

• 288

• 328

◆ 계산 결과가 더 큰 것의 기호를 쓰세요.

20

㉠ 11 × 6   ㉡ 27 × 3

(   )

21

㉠ 25 × 3   ㉡ 37 × 2

(   )

22

㉠ 33 × 2   ㉡ 21 × 7

(   )

23

㉠ 45 × 4   ㉡ 33 × 5

(   )

24

㉠ 72 × 3   ㉡ 51 × 4

(   )

25

㉠ 22 × 4   ㉡ 36 × 3

(   )

26

㉠ 62 × 2   ㉡ 23 × 6

(   )

4단원
25회

5 길이와 시간

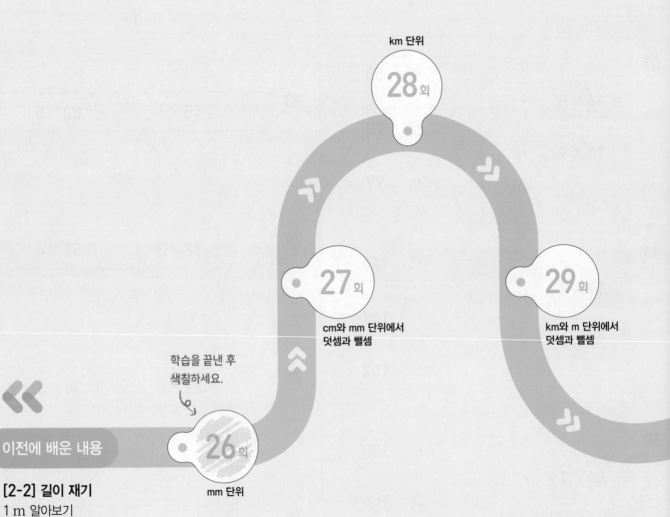

km 단위

28회

27회

cm와 mm 단위에서
덧셈과 뺄셈

29회

km와 m 단위에서
덧셈과 뺄셈

학습을 끝낸 후
색칠하세요.

26회

mm 단위

이전에 배운 내용

[2-2] 길이 재기
1 m 알아보기
길이의 합과 차

[2-2] 시각과 시간
몇 시 몇 분 알아보기
걸린 시간 알아보기

다음에 배울 내용

[5-1] 다각형의 둘레와 넓이
평면도형의 둘레
$1\,cm^2$ 알아보기

[6-2] 원의 넓이
원주와 지름 구하기

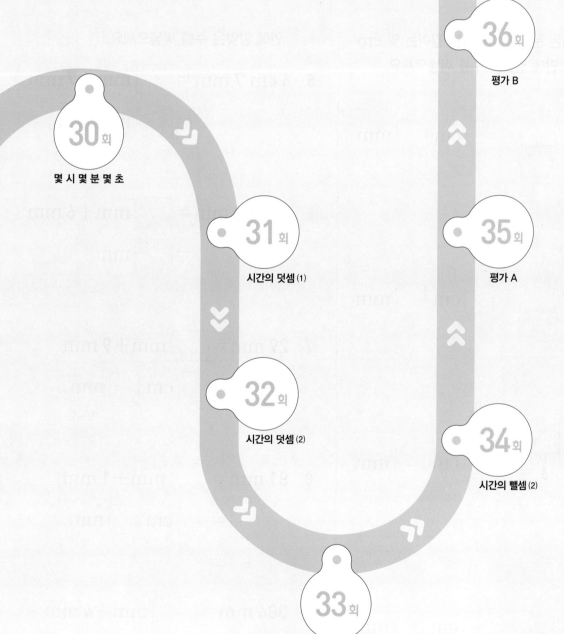

1 mm는 1 cm를 10칸으로 똑같이 나누었을 때 작은 눈금 한 칸의 길이입니다.

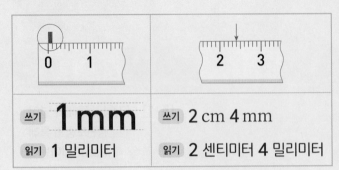

쓰기 **1 mm**	쓰기 **2 cm 4 mm**
읽기 **1 밀리미터**	읽기 **2 센티미터 4 밀리미터**

mm와 cm의 관계를 이용해 단위를 바꾸어 나타낼 수 있습니다.

- $2\,cm\,5\,mm = 2\,cm + 5\,mm$ 〈2 cm=20 mm인 것을 이용해.
  $= 20\,mm + 5\,mm$
  $= 25\,mm$

- $37\,mm = 30\,mm + 7\,mm$ 〈30 mm=3 cm인 것을 이용해.
  $= 3\,cm + 7\,mm$
  $= 3\,cm\,7\,mm$

◆ 화살표가 가리키는 눈금이 나타내는 길이는 몇 cm 몇 mm인지 ☐ 안에 알맞은 수를 써넣으세요.

1 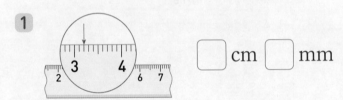 ☐ cm ☐ mm

2  ☐ cm ☐ mm

3 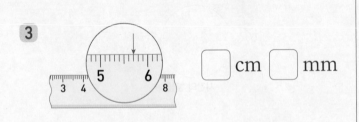 ☐ cm ☐ mm

4 ☐ cm ☐ mm

◆ ☐ 안에 알맞은 수를 써넣으세요.

5 $4\,cm\,7\,mm = $ ☐ $mm + 7\,mm$
   $ = $ ☐ mm

6 $7\,cm\,6\,mm = $ ☐ $mm + 6\,mm$
   $ = $ ☐ mm

7 $29\,mm = $ ☐ $mm + 9\,mm$
   $ = $ ☐ cm ☐ mm

8 $81\,mm = $ ☐ $mm + 1\,mm$
   $ = $ ☐ cm ☐ mm

9 $304\,mm = $ ☐ $mm + 4\,mm$
   $ = $ ☐ cm ☐ mm

 **연습** **mm 단위**

◆ ☐ 안에 알맞은 수를 써넣으세요.

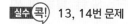 **13, 14번 문제**

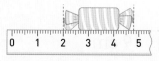

한쪽 끝이 눈금 0에서 시작하지 않을 때 조심!

1 cm가 2번, 1 mm가 8번 ➜ 2 cm 8 mm

◆ 물건의 길이를 쓰세요.

10
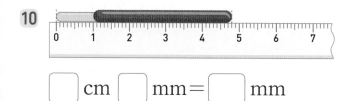

☐ cm ☐ mm = ☐ mm

11
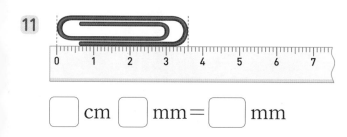

☐ cm ☐ mm = ☐ mm

12
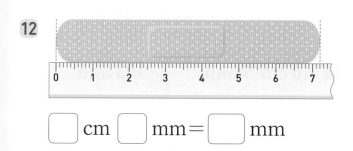

☐ cm ☐ mm = ☐ mm

실수 콕!
13

☐ cm ☐ mm = ☐ mm

실수 콕!
14
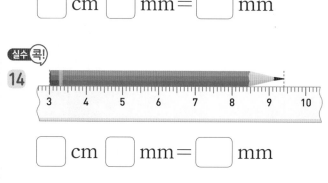

☐ cm ☐ mm = ☐ mm

15 ① 2 cm = ☐ mm

② 3 cm = ☐ mm

16 ① 5 cm 2 mm = ☐ mm

② 9 cm 7 mm = ☐ mm

17 ① 40 cm 8 mm = ☐ mm

② 60 cm 5 mm = ☐ mm

18 ① 63 mm = ☐ cm ☐ mm

② 86 mm = ☐ cm ☐ mm

19 ① 120 mm = ☐ cm

② 700 mm = ☐ cm

20 ① 235 mm = ☐ cm ☐ mm

② 541 mm = ☐ cm ☐ mm

21 ① 829 mm = ☐ cm ☐ mm

② 903 mm = ☐ cm ☐ mm

5단원
26회

◆ 자를 사용하여 주어진 길이만큼 선을 그어 보세요.

22
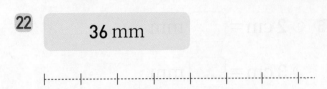
36 mm

23
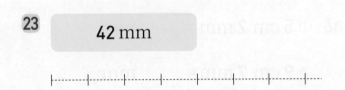
42 mm

24
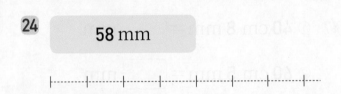
58 mm

25
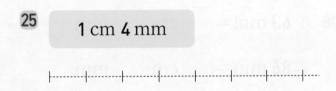
1 cm 4 mm

26
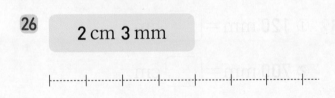
2 cm 3 mm

27

3 cm 5 mm

28
6 cm 1 mm

◆ 길이를 비교하여 ○ 안에 >, =, <를 알맞게 써 넣으세요.

29 109 mm ○ 19 cm

30 320 mm ○ 30 cm 2 mm

31 407 mm ○ 40 cm 5 mm

32 946 mm ○ 95 cm

33 10 cm 5 mm ○ 103 mm

34 27 cm 8 mm ○ 287 mm

35 56 cm 3 mm ○ 558 mm

36 80 cm 7 mm ○ 870 mm

★ 완성 mm 단위

◆ 성준이가 표지판에 적힌 길이와 같은 길이인 곳을 따라가려고 합니다. 알맞은 길을 따라가며 선을 그려 보세요.

37

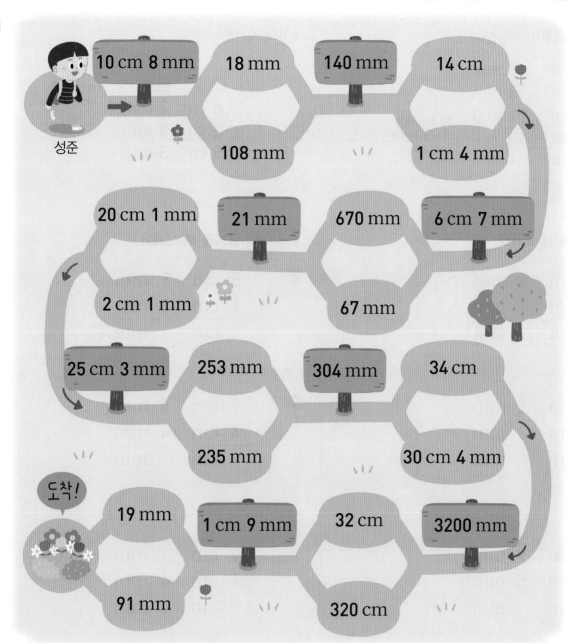

+ 문해력

38 리본을 현우는 430 mm, 연주는 40 cm 8 mm 가지고 있습니다. 가지고 있는 리본의 길이가 더 긴 사람은 누구일까요?

풀이 리본의 길이를 mm 단위로 바꾸면 40 cm 8 mm = ☐ mm입니다.

→ 현우: ☐ mm ◯ 연주: ☐ mm

답 가지고 있는 리본의 길이가 더 긴 사람은 ☐ 입니다.

mm 단위끼리의 합이 10이거나 10보다 크면 10 mm 만큼을 1 cm로 바꾸어 계산합니다.

```
      5 cm      8 mm
  +   2 cm      3 mm
  ─────────────────────
      7 cm     11 mm
  + 1 cm    − 10  mm
  ─────────────────────
      8 cm      1 mm
```

> 11 mm에서 10 mm만큼을 1 cm로 바꿔.

mm 단위끼리 뺄 수 없으면 1 cm만큼을 10 mm로 바꾸어 계산합니다.

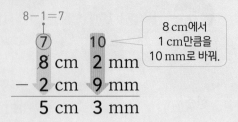

> 8 cm에서 1 cm만큼을 10 mm로 바꿔.

```
     8−1=7
      ⑦        10
      8 cm      2 mm
  −   2 cm      9 mm
  ─────────────────────
      5 cm      3 mm
```

◆ 길이의 덧셈을 해 보세요.

1

	2 cm	4 mm
+	4 cm	1 mm
	cm	mm

2

	6 cm	5 mm
+	1 cm	3 mm
	cm	mm

3 ☐

	1 cm	9 mm
+	2 cm	5 mm
	cm	mm

4 ☐

	4 cm	7 mm
+	3 cm	6 mm
	cm	mm

5 ☐

	5 cm	6 mm
+	1 cm	9 mm
	cm	mm

◆ 길이의 뺄셈을 해 보세요.

6

	5 cm	8 mm
−	1 cm	1 mm
	cm	mm

7

	9 cm	5 mm
−	4 cm	4 mm
	cm	mm

8 ☐ ☐

	7 cm	1 mm
−	4 cm	4 mm
	cm	mm

9 ☐ ☐

	8 cm	3 mm
−	3 cm	8 mm
	cm	mm

10 ☐ ☐

	9 cm	1 mm
−	7 cm	6 mm
	cm	mm

연습 cm와 mm 단위에서 덧셈과 뺄셈

5단원 27회

실수 콕! 12, 18, 20번 문제

```
   1
  2 cm  3 mm        4 cm  9 mm
+ 3 cm  7 mm      − 1 cm  9 mm
──────────        ──────────
  6 cm [    ]        3 cm [    ]
```

계산 결과가 10이면 받아올림 후 mm 자리에는 아무것도 안 써!

계산 결과가 0이면 mm 자리에는 아무것도 안 써!

◆ 길이의 덧셈과 뺄셈을 해 보세요.

11 ①   1 cm 7 mm   ②   1 cm 7 mm
      + 6 cm 2 mm   + 3 cm 4 mm

실수 콕!

12 ①   2 cm 8 mm   ②   2 cm 8 mm
      + 3 cm 1 mm   + 5 cm 2 mm

13 ①   6 cm 3 mm   ②   6 cm 3 mm
      + 5 cm 5 mm   + 7 cm 9 mm

14 ①   5 cm 8 mm   ②   5 cm 8 mm
      − 2 cm 4 mm   − 1 cm 9 mm

15 ①   7 cm 3 mm   ②   7 cm 3 mm
      − 5 cm 1 mm   − 2 cm 4 mm

16 ①   8 cm 5 mm   ②   8 cm 5 mm
      − 3 cm 3 mm   − 5 cm 7 mm

◆ 길이의 덧셈과 뺄셈을 해 보세요.

17 ① 3 cm 4 mm + 5 cm 3 mm
     ② 3 cm 4 mm + 2 cm 9 mm

실수 콕!

18 ① 5 cm 6 mm + 2 cm 3 mm
     ② 5 cm 6 mm + 7 cm 4 mm

19 ① 12 cm 5 mm + 1 cm 4 mm
     ② 12 cm 5 mm + 12 cm 7 mm

실수 콕!

20 ① 6 cm 2 mm − 1 cm 2 mm
     ② 6 cm 2 mm − 3 cm 5 mm

21 ① 9 cm 4 mm − 5 cm 2 mm
     ② 9 cm 4 mm − 3 cm 7 mm

22 ① 10 cm 7 mm − 4 cm 3 mm
     ② 10 cm 7 mm − 6 cm 8 mm

23 ① 17 cm 6 mm − 7 cm 1 mm
     ② 17 cm 6 mm − 10 cm 7 mm

◆ 빈칸에 알맞은 길이는 몇 cm 몇 mm인지 써넣으세요.

◆ □ 안에 알맞은 수를 써넣으세요.

24
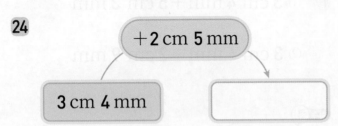

30
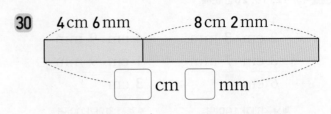

25
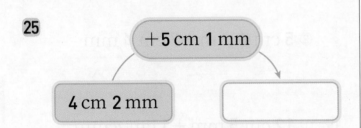

31
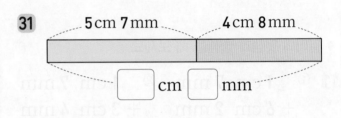

26
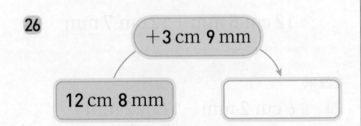

32
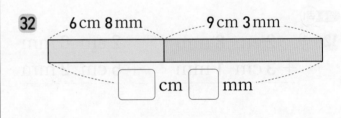

27
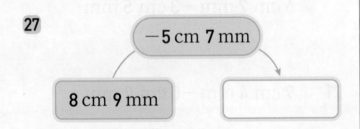

33
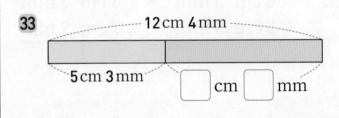

28
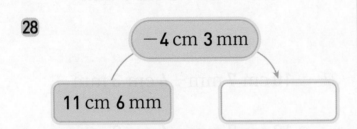

34
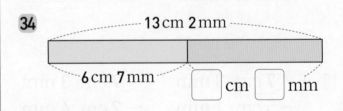

29
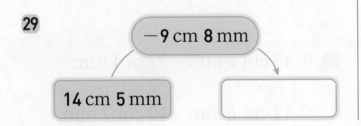

35

★ 완성 cm와 mm 단위에서 덧셈과 뺄셈

◆ 계산 결과가 바른 것을 따라갔을 때 먹게 되는 것을 찾아 ○표 하세요.

36

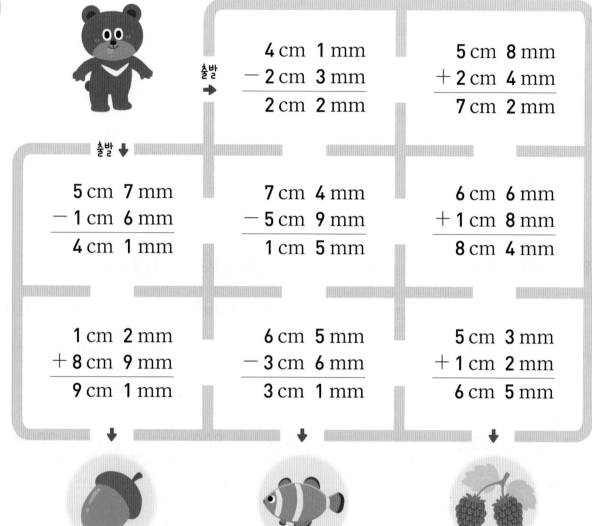

$$\begin{array}{r} 4\,\text{cm}\ 1\,\text{mm} \\ -\ 2\,\text{cm}\ 3\,\text{mm} \\ \hline 2\,\text{cm}\ 2\,\text{mm} \end{array}$$

$$\begin{array}{r} 5\,\text{cm}\ 8\,\text{mm} \\ +\ 2\,\text{cm}\ 4\,\text{mm} \\ \hline 7\,\text{cm}\ 2\,\text{mm} \end{array}$$

출발 →

출발 ↓

$$\begin{array}{r} 5\,\text{cm}\ 7\,\text{mm} \\ -\ 1\,\text{cm}\ 6\,\text{mm} \\ \hline 4\,\text{cm}\ 1\,\text{mm} \end{array}$$

$$\begin{array}{r} 7\,\text{cm}\ 4\,\text{mm} \\ -\ 5\,\text{cm}\ 9\,\text{mm} \\ \hline 1\,\text{cm}\ 5\,\text{mm} \end{array}$$

$$\begin{array}{r} 6\,\text{cm}\ 6\,\text{mm} \\ +\ 1\,\text{cm}\ 8\,\text{mm} \\ \hline 8\,\text{cm}\ 4\,\text{mm} \end{array}$$

$$\begin{array}{r} 1\,\text{cm}\ 2\,\text{mm} \\ +\ 8\,\text{cm}\ 9\,\text{mm} \\ \hline 9\,\text{cm}\ 1\,\text{mm} \end{array}$$

$$\begin{array}{r} 6\,\text{cm}\ 5\,\text{mm} \\ -\ 3\,\text{cm}\ 6\,\text{mm} \\ \hline 3\,\text{cm}\ 1\,\text{mm} \end{array}$$

$$\begin{array}{r} 5\,\text{cm}\ 3\,\text{mm} \\ +\ 1\,\text{cm}\ 2\,\text{mm} \\ \hline 6\,\text{cm}\ 5\,\text{mm} \end{array}$$

도토리

물고기

산딸기

+ 문해력

37 한 뼘의 길이가 소희는 15 cm 3 mm 이고 승민이는 13 cm 6 mm 입니다.
소희는 승민이보다 한 뼘의 길이가 몇 cm 몇 mm 더 길까요?

풀이 (소희의 한 뼘의 길이) ― (승민이의 한 뼘의 길이)

= [   ] cm [   ] mm ― [   ] cm [   ] mm

= [   ] cm [   ] mm

답 소희는 승민이보다 한 뼘의 길이가 [   ] cm [   ] mm 더 깁니다.

1000 m를 1 km라고 합니다.

쓰기 **1 km**   읽기 **1 킬로미터**

2 km보다 300 m 더 긴 것을 알아봅니다.

```
2 km                            3 km
```

쓰기 **2 km 300 m**
읽기 **2 킬로미터 300 미터**

m와 km의 관계를 이용해 단위를 바꾸어 나타낼 수 있습니다.

· 4 km 200 m＝4 km＋200 m
　　　　　　　＝4000 m＋200 m
　　　　　　　＝4200 m

> 4 km＝4000 m
> 인 것을 이용해.

· 3900 m＝3000 m＋900 m
　　　　　＝3 km＋900 m
　　　　　＝3 km 900 m

> 3000 m＝3 km
> 인 것을 이용해.

◆ ☐ 안에 알맞은 수를 써넣으세요.

1
1 km보다 720 m 더 긴 것

☐ km ☐ m

2
3 km보다 105 m 더 긴 것

☐ km ☐ m

3
4 km보다 950 m 더 긴 것

☐ km ☐ m

4
5 km보다 80 m 더 긴 것

☐ km ☐ m

5
8 km보다 150 m 더 긴 것

☐ km ☐ m

◆ ☐ 안에 알맞은 수를 써넣으세요.

6 2 km 500 m＝☐ m＋500 m
　　　　　　　＝☐ m

7 6 km 800 m＝☐ m＋800 m
　　　　　　　＝☐ m

8 3100 m＝☐ m＋100 m
　　　　　＝☐ km ☐ m

9 5600 m＝☐ m＋600 m
　　　　　＝☐ km ☐ m

10 7900 m＝☐ m＋900 m
　　　　　＝☐ km ☐ m

 연습 km 단위

실수 콕! 18, 21번 문제

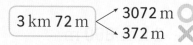

3 km 72 m ⟨ 3072 m ⭕
　　　　　　 372 m ❌

1 km = 1000 m 이므로 단위를 바꾸어 나타낼 때 조심!

◆ 수직선을 보고 ☐ 안에 알맞은 수를 써넣으세요.

11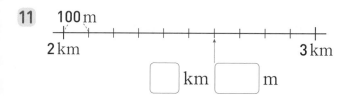
100 m
2 km ～～～ 3 km
☐ km ☐ m

12
100 m
3 km ～～～ 4 km
☐ km ☐ m

13
100 m
4 km ～～～ 5 km
☐ km ☐ m

14
100 m
6 km ～～～ 7 km
☐ km ☐ m

15
100 m
7 km ～～～ 8 km
☐ km ☐ m

16
100 m
8 km ～～～ 9 km
☐ km ☐ m

◆ ☐ 안에 알맞은 수를 써넣으세요.

17 ① 2 km = ☐ m

② 5 km = ☐ m

실수 콕!
18 ① 4 km 10 m = ☐ m

② 9 km 70 m = ☐ m

19 ① 6 km 450 m = ☐ m

② 7 km 140 m = ☐ m

20 ① 3000 m = ☐ km

② 9000 m = ☐ km

실수 콕!
21 ① 3070 m = ☐ km ☐ m

② 8030 m = ☐ km ☐ m

22 ① 5200 m = ☐ km ☐ m

② 6600 m = ☐ km ☐ m

23 ① 8410 m = ☐ km ☐ m

② 9720 m = ☐ km ☐ m

5단원
28회

◆ 길이가 같은 것끼리 이어 보세요.

24

1 km 200 m •	• 1200 m
1 km 20 m •	• 1240 m
1 km 240 m •	• 1020 m

25

4 km 80 m •	• 4800 m
4 km 800 m •	• 4080 m
8 km 400 m •	• 8400 m

26

6 km 300 m •	• 6030 m
3 km 600 m •	• 6300 m
6 km 30 m •	• 3600 m

27

7 km 6 m •	• 7030 m
7 km 630 m •	• 7630 m
7 km 30 m •	• 7006 m

28

9 km 50 m •	• 9550 m
9 km 550 m •	• 9500 m
9 km 500 m •	• 9050 m

◆ 길이를 비교하여 ○ 안에 >, =, <를 알맞게 써넣으세요.

29 2085 m ◯ 2 km 800 m

30 7020 m ◯ 7 km 3 m

31 5780 m ◯ 5 km 78 m

32 3150 m ◯ 3 km 50 m

33 9 km 102 m ◯ 9020 m

34 6 km 450 m ◯ 6540 m

35 1 km 40 m ◯ 940 m

36 8 km 108 m ◯ 8800 m

★ 완성 km 단위

◆ 주어진 다리의 길이를 비교하려고 합니다. 길이가 더 긴 다리의 ⬜ 안에 ✓표 하세요.

37
⬜ 서해대교   ⬜ 광안대교

7 km 310 m   7420 m

40
⬜ 김포대교   ⬜ 거금대교

2280 m   2 km 28 m

38
⬜ 세종대교   ⬜ 금강대교

1 km 875 m   1650 m

41
⬜ 을숙도대교   ⬜ 영종대교

5 km 205 m   4420 m

39
⬜ 부여대교   ⬜ 동작대교

1595 m   1 km 330 m

42
⬜ 목포대교   ⬜ 부산항대교

3 km 60 m   3368 m

5 단원
28회

+문해력

43 공원과 은행 중 은주네 집에서 더 먼 곳은 어디일까요?

공원   은주네 집   은행

4 km 250 m   5040 m

풀이 거리를 m 단위로 바꾸면 4 km 250 m = ⬜ m입니다.

→ 공원까지의 거리: ⬜ m ◯ 은행까지의 거리: ⬜ m

답 은주네 집에서 더 먼 곳은 ⬜ 입니다.

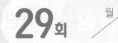

m 단위끼리의 합이 1000이거나 1000보다 크면 1000 m만큼을 1 km로 바꾸어 계산합니다.

```
    3 km    500 m
  + 1 km    700 m
    4 km   1200 m
  + 1 km  -1000 m    ← 1200 m에서 1000 m만큼을 1 km로 바꿔.
    5 km    200 m
```

m 단위끼리 뺄 수 없으면 1 km만큼을 1000 m로 바꾸어 계산합니다.

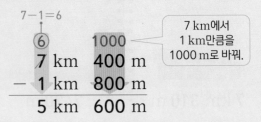

```
  7-1=6
   ⑥        1000
   7 km      400 m     ← 7 km에서 1 km만큼을 1000 m로 바꿔.
 - 1 km      800 m
   5 km      600 m
```

◆ 길이의 덧셈을 해 보세요.

1

	km	m
	1 km	200 m
+	5 km	300 m
	km	m

2

	km	m
	2 km	750 m
+	6 km	150 m
	km	m

3 ☐

	km	m
	2 km	800 m
+	3 km	700 m
	km	m

4 ☐

	km	m
	4 km	400 m
+	1 km	900 m
	km	m

5 ☐

	km	m
	6 km	800 m
+	2 km	300 m
	km	m

◆ 길이의 뺄셈을 해 보세요.

6

	km	m
	7 km	800 m
-	2 km	400 m
	km	m

7

	km	m
	9 km	750 m
-	6 km	230 m
	km	m

8 ☐ ☐

	km	m
	5 km	400 m
-	1 km	600 m
	km	m

9 ☐ ☐

	km	m
	6 km	200 m
-	4 km	300 m
	km	m

10 ☐ ☐

	km	m
	9 km	190 m
-	5 km	600 m
	km	m

 **연습** **km와 m 단위에서 덧셈과 뺄셈**

실수 콕! 13, 16, 19, 22번 문제

```
        1
    3 km  900 m        9 km  500 m
  + 2 km  100 m      − 3 km  500 m
  ─────────────      ─────────────
    6 km                6 km
```

계산 결과가 1000이면 받아올림 후 m 자리에는 아무것도 안 써!

계산 결과가 0이면 m 자리에는 아무것도 안 써!

◆ 길이의 덧셈과 뺄셈을 해 보세요.

11 ①
```
    2 km 700 m
  + 2 km 200 m
  ─────────────
```
②
```
    2 km 700 m
  + 3 km 800 m
  ─────────────
```

12 ①
```
    3 km 420 m
  + 5 km 280 m
  ─────────────
```
②
```
    3 km 420 m
  + 7 km 800 m
  ─────────────
```

실수 콕!
13 ①
```
    4 km 350 m
  + 7 km 460 m
  ─────────────
```
②
```
    4 km 350 m
  + 4 km 650 m
  ─────────────
```

14 ①
```
    3 km 600 m
  − 1 km 500 m
  ─────────────
```
②
```
    3 km 600 m
  − 1 km 900 m
  ─────────────
```

15 ①
```
    5 km 200 m
  − 1 km  70 m
  ─────────────
```
②
```
    5 km 200 m
  − 1 km 800 m
  ─────────────
```

실수 콕!
16 ①
```
    6 km 150 m
  − 1 km 150 m
  ─────────────
```
②
```
    6 km 150 m
  − 1 km 520 m
  ─────────────
```

◆ 길이의 덧셈과 뺄셈을 해 보세요.

17 ① 5 km 620 m + 3 km 250 m

② 5 km 620 m + 3 km 800 m

18 ① 6 km 850 m + 5 km 20 m

② 6 km 850 m + 9 km 550 m

실수 콕!
19 ① 9 km 290 m + 3 km 360 m

② 9 km 290 m + 4 km 710 m

20 ① 4 km 700 m − 1 km 300 m

② 4 km 700 m − 2 km 900 m

21 ① 7 km 500 m − 2 km 390 m

② 7 km 500 m − 3 km 850 m

실수 콕!
22 ① 8 km 350 m − 2 km 350 m

② 8 km 350 m − 5 km 700 m

23 ① 11 km 530 m − 6 km 480 m

② 11 km 530 m − 4 km 760 m

5단원 29회

◆ 빈칸에 알맞은 길이는 몇 km 몇 m인지 써넣으세요.

24 +

1 km 580 m	5 km 130 m
3 km 270 m	2 km 940 m

25 +

7 km 50 m	9 km 400 m
4 km 630 m	5 km 720 m

26 +

2 km 80 m	1 km 380 m
3 km 780 m	6 km 730 m

27 −

4 km 790 m	6 km 410 m
2 km 670 m	1 km 550 m

28 −

7 km 800 m	6 km 590 m
5 km 630 m	2 km 650 m

29 −

5 km 910 m	8 km 520 m
2 km 200 m	4 km 730 m

◆ ☐ 안에 알맞은 수를 써넣으세요.

30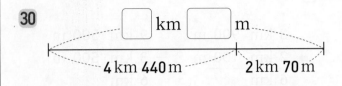

31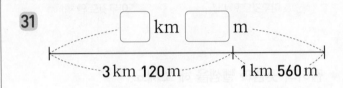

32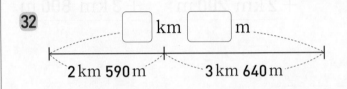

33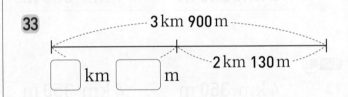

34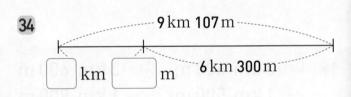

35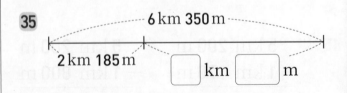

36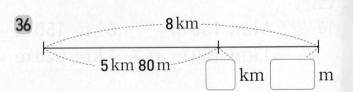

★ 완성 km와 m 단위에서 덧셈과 뺄셈

◆ 계산 결과가 쓰여 있는 풍선에 ○표 하세요.

37

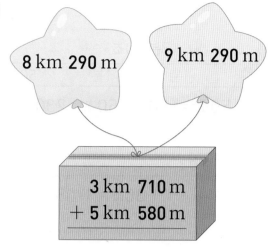

8 km 290 m   9 km 290 m

3 km 710 m
+ 5 km 580 m

39

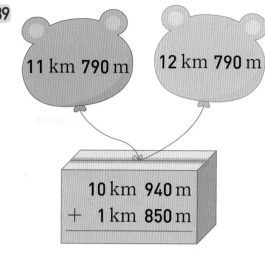

11 km 790 m   12 km 790 m

10 km 940 m
+ 1 km 850 m

38

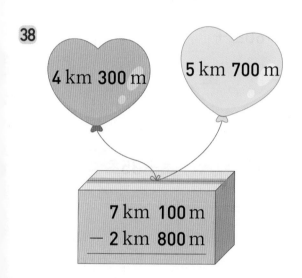

4 km 300 m   5 km 700 m

7 km 100 m
− 2 km 800 m

40

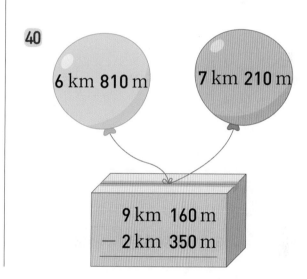

6 km 810 m   7 km 210 m

9 km 160 m
− 2 km 350 m

➕문해력

41 민지네 집에서 마트를 지나 구청까지의 거리는 몇 km 몇 m일까요?

민지네 집   마트   구청

5 km 450 m   6 km 710 m

풀이 (민지네 집에서 마트까지의 거리)+(마트에서 구청까지의 거리)

= ☐ km ☐ m + ☐ km ☐ m

= ☐ km ☐ m

답 민지네 집에서 마트를 지나 구청까지의 거리는 ☐ km ☐ m입니다.

초바늘이 작은 눈금 한 칸을 가는 동안 걸리는 시간은 1초, 시계를 한 바퀴 도는 데 걸리는 시간은 60초입니다.

┌ 짧은바늘: 2와 3 사이
│ → 2시
│ 긴바늘: 8을 조금 지난 곳
│ → 40분
└ 초바늘: 2 → 10초
→ 시계가 나타내는 시각:
 2시 40분 10초

초바늘은 가늘고 가장 빨리 움직이는 바늘이야.

1분은 60초임을 이용해 시간을 바꾸어 나타낼 수 있습니다.

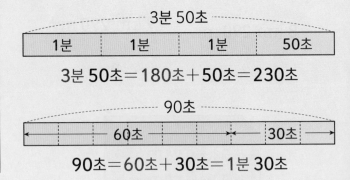

3분 50초

| 1분 | 1분 | 1분 | 50초 |

3분 50초＝180초＋50초＝230초

90초

| 60초 | 30초 |

90초＝60초＋30초＝1분 30초

◆ 시각을 읽어 보세요.

1  1시 52분 ☐ 초

2  3시 6분 ☐ 초

3  7시 28분 ☐ 초

4  9시 33분 ☐ 초

◆ ☐ 안에 알맞은 수를 써넣으세요.

5 2분＝60초＋☐초
 ＝☐초

6 7분 35초＝☐초＋35초
 ＝☐초

7 9분 50초＝☐초＋50초
 ＝☐초

8 180초＝60초＋60초＋☐초
 ＝☐분

9 340초＝☐초＋40초
 ＝☐분 ☐초

연습 몇 시 몇 분 몇 초

실수 쾅! 10~14번 문제

6시 10분 48초 ⭕
6시 11분 48초 ❌

긴바늘을 읽을 때 아직 지나지 않은 눈금으로 잘못 읽으면 안 돼!

◆ □ 안에 알맞은 수를 써넣으세요.

15 ① 1분 30초 = □ 초
　 ② 1분 50초 = □ 초

◆ 시각을 읽어 보세요.

10  □시 □분 □초

16 ① 3분 15초 = □ 초
　 ② 3분 40초 = □ 초

11  □시 □분 □초

17 ① 7분 10초 = □ 초
　 ② 7분 25초 = □ 초

12 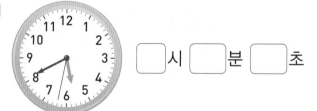 □시 □분 □초

18 ① 8분 30초 = □ 초
　 ② 8분 50초 = □ 초

13  □시 □분 □초

19 ① 255초 = □ 분 □ 초
　 ② 270초 = □ 분 □ 초

20 ① 385초 = □ 분 □ 초
　 ② 400초 = □ 분 □ 초

14  □시 □분 □초

21 ① 545초 = □ 분 □ 초
　 ② 565초 = □ 분 □ 초

◆ 시각에 맞게 시계에 초바늘을 그려 넣으세요.

◆ 가장 긴 시간부터 차례로 기호를 쓰세요.

22
2시 40분 45초

23
3시 50분 10초

24
7시 25분 30초

25
6시 45분 15초

26
1시 20분 35초

27
9시 15분 20초

28
㉠ 100초
㉡ 2분 20초
㉢ 2분
→ ☐ , ☐ , ☐

29
㉠ 530초
㉡ 7분 50초
㉢ 8분 10초
→ ☐ , ☐ , ☐

30
㉠ 4분 45초
㉡ 300초
㉢ 5분 30초
→ ☐ , ☐ , ☐

31
㉠ 2분 42초
㉡ 178초
㉢ 2분 37초
→ ☐ , ☐ , ☐

32
㉠ 4분 35초
㉡ 283초
㉢ 5분
→ ☐ , ☐ , ☐

33
㉠ 6분 12초
㉡ 391초
㉢ 6분 20초
→ ☐ , ☐ , ☐

★ **완성** **몇 시 몇 분 몇 초**

◆ 새가 나타내는 시간이 같은 둥지를 찾아가려고 합니다. 알맞은 둥지를 찾아 ○표 하세요.

34

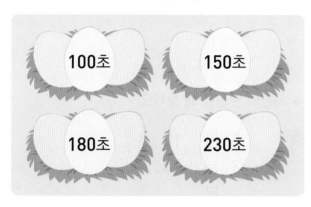

100초   150초

180초   230초

36

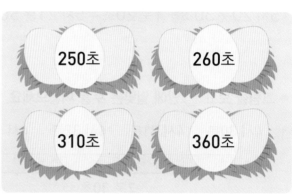

250초   260초

310초   360초

35

290초   250초

210초   350초

37

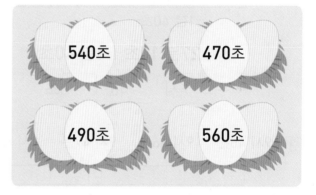

540초   470초

490초   560초

+문해력

38 청소를 하는 데 진호는 7분 44초 가 걸렸고, 윤서는 458초 가 걸렸습니다. 청소를 하는 데 더 오래 걸린 사람은 누구일까요?

풀이 걸린 시간을 초 단위로 바꾸면 7분 44초 = ☐ 초입니다.

→ 진호: ☐ 초 ◯ 윤서: ☐ 초

답 청소를 하는 데 더 오래 걸린 사람은 ☐ 입니다.

5시 20분 30초에서 1분 20초 후의 시각을 알아봅니다.

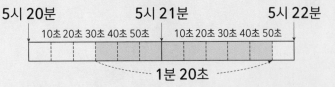

5시 20분 ··· 5시 21분 ··· 5시 22분
10초 20초 30초 40초 50초 10초 20초 30초 40초 50초
1분 20초

5시 20분 30초＋1분 20초＝5시 21분 50초

시간의 덧셈을 계산할 때에는 시는 시끼리, 분은 분끼리, 초는 초끼리 더합니다.

	3 시	30 분	10 초
＋		15 분	30 초
	3 시	45 분	40 초

초 → 분 → 시 순서로 더해.

◆ 그림을 보고 ☐ 안에 알맞은 수를 써넣으세요.

1 4시 30분 4시 31분 4시 32분 4시 33분

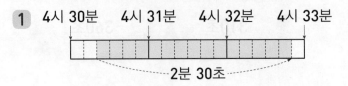

2분 30초

4시 30분 20초＋2분 30초

＝☐시 ☐분 ☐초

2 3시 27분 3시 28분 3시 29분 3시 30분

1분 40초

3시 27분 10초＋1분 40초

＝☐시 ☐분 ☐초

3 9시 45분 9시 46분 9시 47분 9시 48분

1분 20초

9시 45분 20초＋1분 20초

＝☐시 ☐분 ☐초

4 11시 56분 11시 57분 11시 58분 11시 59분

2분 10초

11시 56분 30초＋2분 10초

＝☐시 ☐분 ☐초

◆ 시간의 덧셈을 해 보세요.

5

	1	분	10	초
＋	3	분	20	초
		분		초

6

	7	시	15	분
＋	1	시간	30	분
		시		분

시＋시간＝시

7

	5	시	32	분
＋	4	시간	14	분
		시		분

8

	1	시간	9	분
＋	2	시간	47	분
		시간		분

시간＋시간＝시간

9

	4	시간	23	분
＋	5	시간	25	분
		시간		분

 **연습** 시간의 덧셈(1)

실수 콕! 10~22번 문제

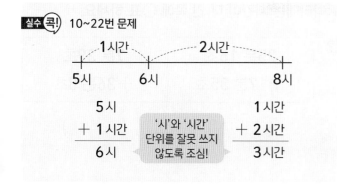

5시	'시'와 '시간'	1시간
+ 1시간	단위를 잘못 쓰지	+ 2시간
6시	않도록 조심!	3시간

◆ 시간의 덧셈을 해 보세요.

10
```
    16분 25초
+   21분 15초
```

11
```
    32분 13초
+   20분 35초
```

12
```
    1시     30분
+   2시간   19분
```

13
```
    8시     24분
+   1시간   10분
```

14
```
    3시간   20분
+   5시간   35분
```

15
```
    2시간   25분
+   4시간   26분
```

◆ 시간의 덧셈을 해 보세요.

16
```
    1시  42분 20초
+       9분 14초
```

17
```
    6시  23분 11초
+       12분 40초
```

18
```
    7시  34분 17초
+       18분 26초
```

19
```
    3시     22분 14초
+   7시간   19분 16초
```

20
```
    8시     15분 33초
+   1시간   16분 23초
```

21
```
    1시간   14분 37초
+   4시간   21분 10초
```

22
```
    5시간   23분 10초
+   2시간   18분 29초
```

5단원 31회

◆ 빈칸에 알맞게 써넣으세요.

23

+1분 28초
5분 18초

24
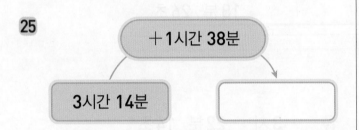
+2시간 37분
4시 16분

25

+1시간 38분
3시간 14분

26
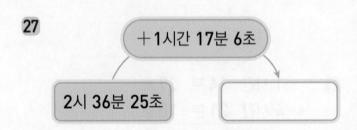
+14분 5초
7시 29분 16초

27
+1시간 17분 6초
2시 36분 25초

28
+3시간 28분 6초
6시간 5분 38초

◆ 나타내는 시간이 더 긴 쪽에 ○표 하세요.

29
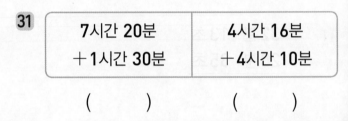

25분 15초 +17분 35초	7분 39초 +36분 8초
( )	( )

30

10분 31초 +36분 8초	16분 9초 +31분 37초
( )	( )

31

7시간 20분 +1시간 30분	4시간 16분 +4시간 10분
( )	( )

32

5시간 35분 +2시간 20분	6시간 10분 +1시간 40분
( )	( )

33

2시간 15분 7초 +2시간 15분 5초	3시간 5분 21초 +1시간 50분 6초
( )	( )

34

1시간 24분 19초 +5시간 25분 38초	3시간 28분 16초 +3시간 24분 27초
( )	( )

★ 완성 시간의 덧셈 (1)

◆ 도윤이가 주어진 일을 하는 데 걸린 시간이 다음과 같습니다. 끝난 시각은 몇 시 몇 분 몇 초인지 구하세요.

35

시작 시각  12:13:20

↓

점심 먹기
22분 30초

↓

끝난 시각 ☐시 ☐분 ☐초

37

시작 시각  4:27:30

↓

운동하기
31분 5초

↓

끝난 시각 ☐시 ☐분 ☐초

5단원 31회

36

시작 시각 2:05:15

↓

영화 보기
1시간 48분

↓

끝난 시각 ☐시 ☐분 ☐초

38

시작 시각 6:32:08

↓

책 읽기
27분 25초

↓

끝난 시각 ☐시 ☐분 ☐초

＋문해력

39 진규네 집에서 수영장까지 가는 데 버스를 타고 [7분 15초]가 걸립니다. 진규가 [12시 20분]에 출발하는 버스를 타고 수영장에 간다면 몇 시 몇 분에 도착할까요?

풀이 (출발하는 시각)＋(버스를 타고 가는 시간)

＝ ☐시 ☐분＋☐분 ☐초

＝ ☐시 ☐분 ☐초

답 수영장에 ☐시 ☐분 ☐초에 도착합니다.

시간의 덧셈 (2)

≫ 받아올림이 있는 경우

초 단위끼리의 합이 60이거나 60보다 크면 60초만큼을 1분으로 바꾸어 계산합니다.

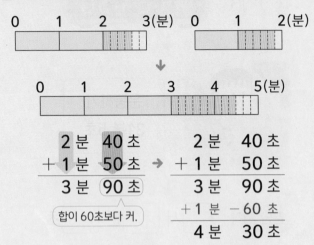

	2 분	40 초
+	1 분	50 초
	3 분	90 초

합이 60초보다 커.

	2 분	40 초
+	1 분	50 초
	3 분	90 초
+	1 분	− 60 초
	4 분	30 초

분 단위끼리의 합이 60이거나 60보다 크면 60분만큼을 1시간으로 바꾸어 계산합니다.

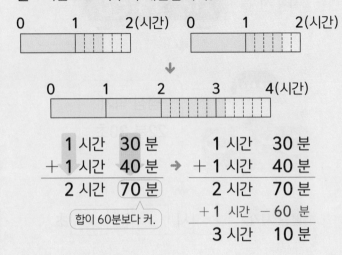

	1 시간	30 분
+	1 시간	40 분
	2 시간	70 분

합이 60분보다 커.

	1 시간	30 분
+	1 시간	40 분
	2 시간	70 분
+	1 시간	− 60 분
	3 시간	10 분

◆ 시간의 덧셈을 해 보세요.

1

	31 분	25 초
+	17 분	50 초
	분	초

2

	10 분	35 초
+	24 분	55 초
	분	초

3

	22 분	40 초
+	9 분	30 초
	분	초

4

	15 분	20 초
+	35 분	50 초
	분	초

◆ 시간의 덧셈을 해 보세요.

5

	5 시	15 분
+		58 분
	시	분

6

	2 시	53 분
+	6 시간	39 분
	시	분

7

	4 시간	22 분
+		50 분
	시간	분

8

	1 시간	29 분
+	5 시간	47 분
	시간	분

 **연습** 시간의 덧셈 (2)

실수 콕! 9~21번 문제

```
      1
    5 분  55 초
  + 1 분  50 초
  ─────────────
    7 분  45 초    ⭕
```

```
      1
    5 분  55 초
  + 1 분  50 초
  ─────────────
    7 분   5 초    ❌
```

시간의 덧셈은 100이 아니라 60을 기준으로 받아올림하니까 조심!

◆ 시간의 덧셈을 해 보세요.

9
```
    21 분  25 초
  + 29 분  36 초
```

10
```
    32 분  55 초
  + 13 분  20 초
```

11
```
    2 시  27 분
  +       38 분
```

12
```
    6 시      42 분
  + 2 시간  37 분
```

13
```
    4 시간  52 분
  +          26 분
```

14
```
    5 시간  25 분
  + 1 시간  42 분
```

◆ 시간의 덧셈을 해 보세요.

15
```
    4 시  12 분  18 초
  +       38 분  54 초
```

16
```
    1 시  34 분  42 초
  +       56 분  10 초
```

17
```
    7 시  45 분  15 초
  +       20 분  56 초
```

18
```
    1 시       12 분  33 초
  + 2 시간  25 분  39 초
```

19
```
    5 시       20 분  49 초
  + 4 시간  55 분  26 초
```

20
```
    1 시간  15 분  40 초
  + 6 시간  48 분  17 초
```

21
```
    3 시간  28 분  54 초
  + 5 시간  40 분  25 초
```

◆ ☐ 안에 알맞게 써넣으세요.

22 15분 26초

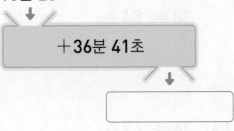

+36분 41초

23 6시 52분

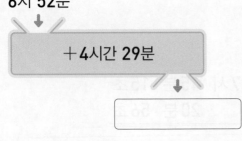

+4시간 29분

24 5시 43분 25초

+24분 48초

25 1시 26분 59초

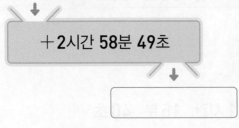

+2시간 58분 49초

26 3시간 35분 41초

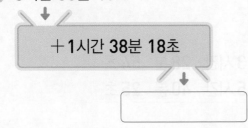

+1시간 38분 18초

◆ 설명하는 시각은 몇 시 몇 분 몇 초인지 구하세요.

27 2시 5분 28초에서 33분 54초 후

( )

28 5시 50분 35초에서 20분 18초 후

( )

29 8시 45분 40초에서 26분 30초 후

( )

30 1시 34분 35초에서 3시간 11분 50초 후

( )

31 4시 44분 13초에서 1시간 39분 20초 후

( )

32 3시 29분 38초에서 4시간 56분 23초 후

( )

33 2시 47분 55초에서 7시간 50분 21초 후

( )

★ 완성 시간의 덧셈 (2)

◆ 하윤이와 친구들이 5 km 달리기 대회에 참가했습니다. 출발 시각이 10시 50분 30초일 때 하윤이와 친구들이 결승점에 도착한 시각을 구하세요.

이름	하윤	도현	수호	지아
걸린 시간	50분 16초	46분 50초	52분 40초	44분 37초

34
내가 도착한 시각은 ☐시 ☐분 ☐초야.
하윤

36
내가 도착한 시각은 ☐시 ☐분 ☐초야.
수호

35
내가 도착한 시각은 ☐시 ☐분 ☐초야.
도현

37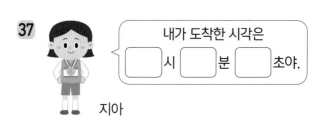
내가 도착한 시각은 ☐시 ☐분 ☐초야.
지아

+ 문해력

38 은서는 동화책을 어제는 **1시간 47분 35초** 동안 읽었고, 오늘은 **1시간 52분 40초** 동안 읽었습니다. 은서가 어제와 오늘 동화책을 읽은 시간은 모두 몇 시간 몇 분 몇 초일까요?

풀이 (어제 동화책을 읽은 시간)＋(오늘 동화책을 읽은 시간)

= ☐시간 ☐분 ☐초＋☐시간 ☐분 ☐초

= ☐시간 ☐분 ☐초

답 은서가 어제와 오늘 동화책을 읽은 시간은 모두 ☐시간 ☐분 ☐초입니다.

개념 시간의 뺄셈 (1)

≫ 받아내림이 없는 경우

2시 50분 40초에서 1분 30초 전의 시각을 알아봅니다.

2시 50분 40초 − 1분 30초 = 2시 49분 10초

시간의 뺄셈을 계산할 때에는 시는 시끼리, 분은 분끼리, 초는 초끼리 뺍니다.

	8 시	45 분	50 초
−		10 분	35 초
	8 시	35 분	15 초

초 → 분 → 시 순서로 빼.

◆ 그림을 보고 ☐ 안에 알맞은 수를 써넣으세요.

1 3시 15분 3시 16분 3시 17분 3시 18분

1분 10초

3시 17분 30초 − 1분 10초

= ☐ 시 ☐ 분 ☐ 초

2 8시 52분 8시 53분 8시 54분 8시 55분

2분 20초

8시 54분 40초 − 2분 20초

= ☐ 시 ☐ 분 ☐ 초

3 2시 56분 2시 57분 2시 58분 2시 59분

1분 40초

2시 58분 50초 − 1분 40초

= ☐ 시 ☐ 분 ☐ 초

4 7시 43분 7시 44분 7시 45분 7시 46분

2분 10초

7시 45분 20초 − 2분 10초

= ☐ 시 ☐ 분 ☐ 초

◆ 시간의 뺄셈을 해 보세요.

5

	3 분	40 초
−	1 분	24 초
	분	초

6

	4 시	30 분
−	2 시간	20 분
	시	분

시 − 시간 = 시

7

	7 시	42 분
−	5 시간	25 분
	시	분

8

	9 시간	50 분
−	1 시간	15 분
	시간	분

시간 − 시간 = 시간

9

	5 시	54 분
−	1 시	15 분
	시간	분

시 − 시 = 시간

연습 · 시간의 뺄셈 (1)

15, 22번 문제

실수 콕!

```
        ┌────── 3시간 28분 ──────┐
   ─────┼────────────────────────┼─────
   2시 10분                      5시 38분
```

```
      5시    38분            5시    38분
   ─  2시    10분         ─  2시    10분
   ───────────────        ───────────────
      3시간   28분    ⭕      3시    28분    ❌
```

'시－시＝시간'이므로 '몇 시'로 답하지 않도록 조심!

◆ 시간의 뺄셈을 해 보세요.

10
```
     32분  54초
   － 14분  28초
```

11
```
     50분  31초
   － 35분  12초
```

12
```
     3시     28분
   － 1시간   17분
```

13
```
     4시     50분
   － 3시간   25분
```

14
```
     5시간  43분
   － 1시간  32분
```

실수 콕!

15
```
     6시     24분
   － 3시     16분
```

◆ 시간의 뺄셈을 해 보세요.

16
```
     1시  28분  40초
   －     17분  19초
```

17
```
     6시  33분  41초
   －     16분  26초
```

18
```
     3시  43분  26초
   －     15분   8초
```

19
```
     8시     51분  35초
   － 3시간   20분  24초
```

20
```
     7시     13분  45초
   － 4시간    3분  20초
```

21
```
     9시간  40분  30초
   － 2시간  27분  15초
```

실수 콕!

22
```
     7시     27분  38초
   － 3시      9분  11초
```

적용 **시간의 뺄셈** (1)

◆ 빈칸에 알맞게 써넣으세요.

23

−13분 43초

28분 50초 → ☐

24
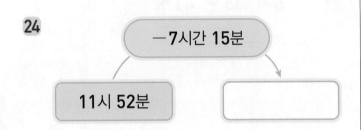
−7시간 15분

11시 52분 → ☐

25

−30분 9초

5시 48분 17초 → ☐

26
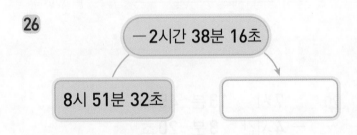
−2시간 38분 16초

8시 51분 32초 → ☐

27
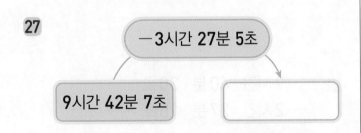
−3시간 27분 5초

9시간 42분 7초 → ☐

28
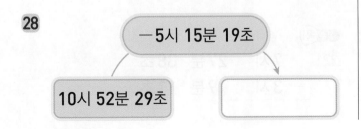
−5시 15분 19초

10시 52분 29초 → ☐

◆ 나타내는 시간이 더 긴 쪽에 ○표 하세요.

29

38분 35초 −25분 29초	54분 49초 −40분 43초
( )	( )

30

2시간 50분 −1시간 16분	3시간 31분 −2시간 24분
( )	( )

31

9시간 50분 −3시간 40분	10시간 35분 −4시간 13분
( )	( )

32

9시간 34분 10초 −6시간 16분 5초	7시간 36분 25초 −5시간 15분 4초
( )	( )

33

6시간 48분 30초 −2시간 40분 10초	7시간 55분 40초 −1시간 50분 20초
( )	( )

34

4시 31분 52초 −3시 15분 29초	6시 34분 43초 −5시 8분 26초
( )	( )

★ 완성 시간의 뺄셈 (1)

◆ 친구들이 가지고 있는 기차 승차권을 선으로 이은 것입니다. 출발지에서 도착지까지 가는 데 걸린 시간을 구하세요.

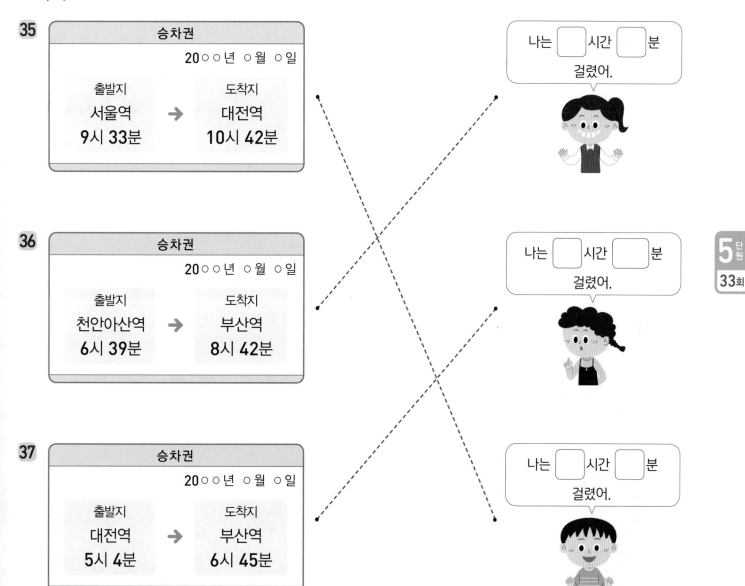

35

승차권
20○○년 ○월 ○일

출발지	→	도착지
서울역		대전역
9시 33분		10시 42분

나는 ☐시간 ☐분 걸렸어.

36

승차권
20○○년 ○월 ○일

출발지	→	도착지
천안아산역		부산역
6시 39분		8시 42분

나는 ☐시간 ☐분 걸렸어.

37

승차권
20○○년 ○월 ○일

출발지	→	도착지
대전역		부산역
5시 4분		6시 45분

나는 ☐시간 ☐분 걸렸어.

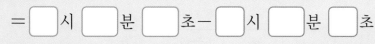

+ 문해력

38 어느 영화가 3시 26분 8초에 시작하여 5시 31분 25초에 끝났습니다. 이 영화의 상영 시간은 몇 시간 몇 분 몇 초일까요?

풀이 (영화가 끝난 시각) − (영화가 시작한 시각)

= ☐시 ☐분 ☐초 − ☐시 ☐분 ☐초

= ☐시간 ☐분 ☐초

답 영화의 상영 시간은 ☐시간 ☐분 ☐초입니다.

시간의 뺄셈 (2)

≫ 받아내림이 있는 경우

초 단위끼리 뺄 수 없으면 1분만큼을 60초로 바꾸어 계산합니다.

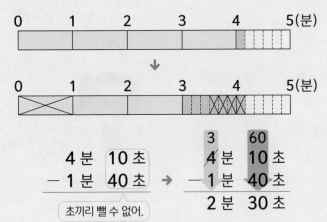

	4 분	10 초
−	1 분	40 초

초끼리 뺄 수 없어.

→

	3 4̶ 분	60 10 초
−	1 분	40 초
	2 분	30 초

분 단위끼리 뺄 수 없으면 1시간만큼을 60분으로 바꾸어 계산합니다.

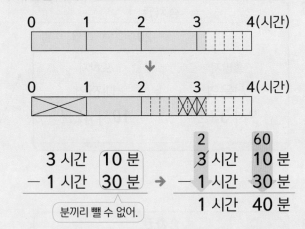

	3 시간	10 분
−	1 시간	30 분

분끼리 뺄 수 없어.

→

	2 3̶ 시간	60 10 분
−	1 시간	30 분
	1 시간	40 분

◆ 시간의 뺄셈을 해 보세요.

1

	☐	☐
	3̶1̶ 분	7 초
−	13 분	29 초
	분	초

2

	☐	☐
	5̶3̶ 분	15 초
−	27 분	33 초
	분	초

3

	☐	☐
	4̶2̶ 분	20 초
−	20 분	30 초
	분	초

4

	☐	☐
	5̶5̶ 분	26 초
−	17 분	43 초
	분	초

◆ 시간의 뺄셈을 해 보세요.

5

	☐	☐
	2̶ 시	44 분
−		50 분
	시	분

6

	☐	☐
	9̶ 시	25 분
−	2 시간	46 분
	시	분

7

	☐	☐
	3̶ 시간	26 분
−	1 시간	40 분
	시간	분

8

	☐	☐
	6̶ 시	17 분
−	4 시	33 분
	시간	분

 **연습** 시간의 뺄셈 (2)

실수 콕! 21번 문제

```
         32   60
        33분 ⭕ ⬚
      - 10분  55초
      ──────────────
        22분   5초
```

```
        33분 ✖ ⬚
      - 10분  55초
      ──────────────
        23분  55초
```

> 55초를 그대로 내려쓰지 않도록 조심!

◆ 시간의 뺄셈을 해 보세요.

9
```
      35분 12초
   -   6분 47초
```

10
```
      42분 23초
   - 20분 54초
```

11
```
    4시 15분
   -     42분
```

12
```
    5시     36분
   - 2시간  49분
```

13
```
    7시간 12분
   - 4시간 37분
```

14
```
    8시     13분
   - 3시     45분
```

◆ 시간의 뺄셈을 해 보세요.

15
```
    2시 49분 16초
   -     7분 43초
```

16
```
    3시 17분 54초
   -    38분 22초
```

17
```
    6시     30분 11초
   - 1시간  22분 50초
```

18
```
    9시간 47분 34초
   - 3시간 27분 38초
```

19
```
    5시간 20분 30초
   - 2시간 35분 56초
```

20
```
    11시   10분 26초
   -  4시   54분  8초
```

실수 콕!

21
```
    12시   28분
   -  5시   52분 45초
```

5단원

34회

◆ 빈칸에 알맞게 써넣으세요.

22

| 31분 29초 |
| 15분 52초 |
| |

23
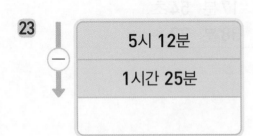
| 5시 12분 |
| 1시간 25분 |
| |

24

| 4시 30분 18초 |
| 27분 54초 |
| |

25
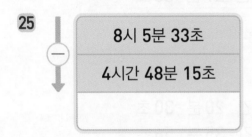
| 8시 5분 33초 |
| 4시간 48분 15초 |
| |

26

| 7시간 21분 7초 |
| 5시간 19분 16초 |
| |

27
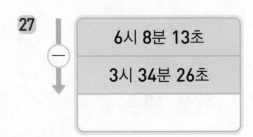
| 6시 8분 13초 |
| 3시 34분 26초 |
| |

◆ 설명하는 시각은 몇 시 몇 분 몇 초인지 구하세요.

28
| 3시 10분 20초에서 7분 45초 전 |

( )

29
| 11시 12분 10초에서 6분 30초 전 |

( )

30
| 5시 27분 15초에서 48분 23초 전 |

( )

31
| 9시 48분 12초에서 5시간 33분 54초 전 |

( )

32
| 8시 20분 50초에서 6시간 45분 25초 전 |

( )

33
| 7시 17분 23초에서 3시간 56분 34초 전 |

( )

34
| 9시 5분 46초에서 3시간 28분 56초 전 |

( )

★ 완성 시간의 뺄셈 (2)

◆ 길을 따라가서 빈칸에 계산 결과를 써넣으세요.

35

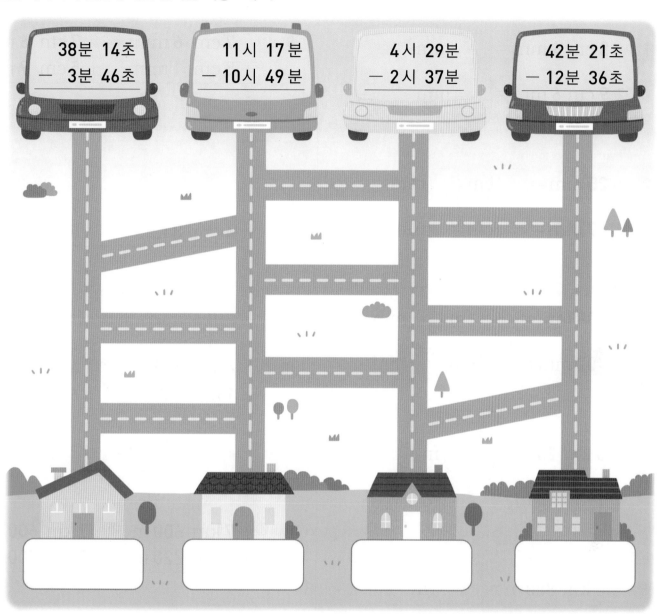

38분 14초
− 3분 46초

11시 17분
− 10시 49분

4시 29분
− 2시 37분

42분 21초
− 12분 36초

+문해력

36 하준이가 그림을 그린 시간은 몇 시간 몇 분일까요?

하준이가 그리기를 시작한 시각	하준이가 그리기를 끝낸 시각
2시 56분	5시 2분

풀이 (그리기를 끝낸 시각)−(그리기를 시작한 시각)

= ☐시 ☐분−☐시 ☐분=☐시간 ☐분

답 하준이가 그림을 그린 시간은 ☐시간 ☐분입니다.

◆ ☐ 안에 알맞은 수를 써넣으세요.

1 ① 8 cm 4 mm = ☐ mm

② 9 cm 6 mm = ☐ mm

2 ① 25 mm = ☐ cm ☐ mm

② 67 mm = ☐ cm ☐ mm

3 ① 708 mm = ☐ cm ☐ mm

② 902 mm = ☐ cm ☐ mm

4 ① 5 km 20 m = ☐ m

② 7 km 10 m = ☐ m

5 ① 6 km 850 m = ☐ m

② 8 km 240 m = ☐ m

6 ① 1050 m = ☐ km ☐ m

② 4060 m = ☐ km ☐ m

7 ① 5502 m = ☐ km ☐ m

② 6103 m = ☐ km ☐ m

◆ 길이의 덧셈과 뺄셈을 해 보세요.

8 ①   7 cm 6 mm
     + 5 cm 1 mm

② 7 cm 6 mm
 + 5 cm 9 mm

9 ①   9 cm 7 mm
     − 4 cm 3 mm

② 9 cm 7 mm
 − 5 cm 8 mm

10 ①   4 km 820 m
      + 1 km 150 m

② 4 km 820 m
 + 6 km 470 m

11 ①   7 km 600 m
      + 1 km 220 m

② 7 km 600 m
 + 9 km 800 m

12 ①   8 km 170 m
      − 5 km 30 m

② 8 km 170 m
 − 4 km 260 m

13 ①   9 km 580 m
      − 4 km 450 m

② 9 km 580 m
 − 7 km 610 m

◆ ☐ 안에 알맞은 수를 써넣으세요.

14 ① 2분 20초 = ☐ 초

　　② 2분 50초 = ☐ 초

15 ① 4분 30초 = ☐ 초

　　② 4분 55초 = ☐ 초

16 ① 7분 32초 = ☐ 초

　　② 7분 48초 = ☐ 초

17 ① 219초 = ☐ 분 ☐ 초

　　② 230초 = ☐ 분 ☐ 초

18 ① 284초 = ☐ 분 ☐ 초

　　② 296초 = ☐ 분 ☐ 초

19 ① 370초 = ☐ 분 ☐ 초

　　② 405초 = ☐ 분 ☐ 초

20 ① 500초 = ☐ 분 ☐ 초

　　② 513초 = ☐ 분 ☐ 초

◆ 시간의 덧셈과 뺄셈을 해 보세요.

21　　　1 시　　34 분　12 초
　　　+ 3 시간　17 분　33 초

22　　　6 시간　28 분　43 초
　　　+ 1 시간　25 분　26 초

23　　　4 시간　19 분　35 초
　　　+ 5 시간　42 분　51 초

24　　　5 시　　35 분　56 초
　　　− 1 시간　21 분　29 초

25　　　8 시간　27 분　42 초
　　　− 4 시간　19 분　48 초

26　　　4 시　　28 분　11 초
　　　− 1 시　　48 분　37 초

◆ 길이가 같은 것끼리 이어 보세요.

1

50 cm 7 mm •   • 57 mm

57 cm •   • 507 mm

5 cm 7 mm •   • 570 mm

2

9 cm 8 mm •   • 89 mm

98 cm •   • 980 mm

8 cm 9 mm •   • 98 mm

3

3 km 905 m •   • 3095 m

3 km 95 m •   • 3950 m

3 km 950 m •   • 3905 m

4

1 km 150 m •   • 1105 m

1 km 50 m •   • 1150 m

1 km 105 m •   • 1050 m

5

4 km 350 m •   • 4305 m

4 km 53 m •   • 4350 m

4 km 305 m •   • 4053 m

◆ 빈칸에 알맞은 길이를 써넣으세요.

6

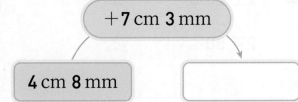

+7 cm 3 mm

4 cm 8 mm → ☐

7

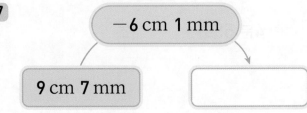

−6 cm 1 mm

9 cm 7 mm → ☐

8

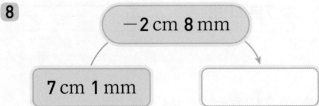

−2 cm 8 mm

7 cm 1 mm → ☐

9

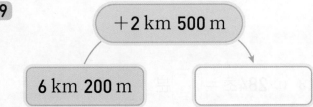

+2 km 500 m

6 km 200 m → ☐

10

+3 km 800 m

5 km 600 m → ☐

11

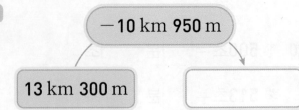

−10 km 950 m

13 km 300 m → ☐

◆ 가장 긴 시간부터 차례로 기호를 쓰세요.

◆ 빈칸에 알맞게 써넣으세요.

12
ⓐ 410초
ⓑ 7분 10초
ⓒ 365초
→ ⬜ , ⬜ , ⬜

18
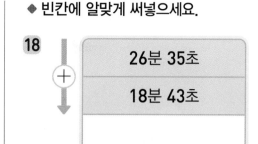
26분 35초
18분 43초

13
ⓐ 4분
ⓑ 235초
ⓒ 3분 40초
→ ⬜ , ⬜ , ⬜

19

5시 9분 40초
1시간 24분 17초

14
ⓐ 390초
ⓑ 6분 20초
ⓒ 470초
→ ⬜ , ⬜ , ⬜

20

7시간 40분 21초
3시간 26분 52초

15
ⓐ 1분 40초
ⓑ 70초
ⓒ 1분 25초
→ ⬜ , ⬜ , ⬜

21

35분 50초
26분 40초

16
ⓐ 110초
ⓑ 2분 20초
ⓒ 200초
→ ⬜ , ⬜ , ⬜

22
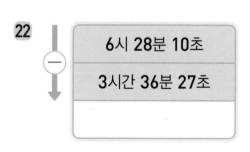
6시 28분 10초
3시간 36분 27초

17
ⓐ 4분
ⓑ 300초
ⓒ 4분 40초
→ ⬜ , ⬜ , ⬜

23

11시 4분 23초
8시 50분 15초

5단원 36회

6 분수와 소수

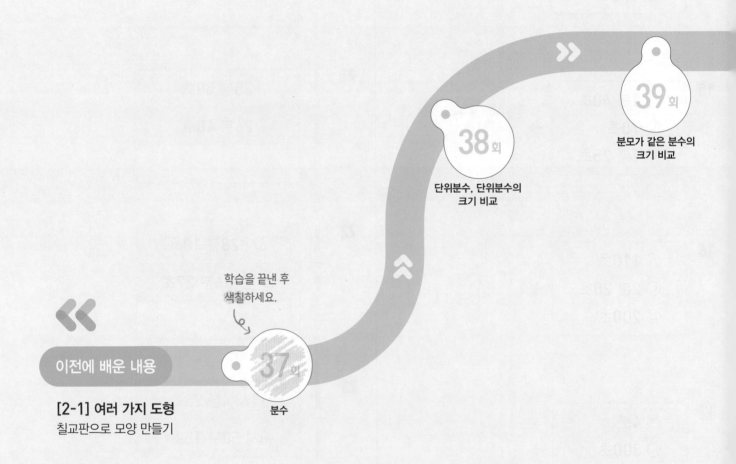

다음에 배울 내용

[3-2] 분수
진분수, 가분수 알아보기
대분수 알아보기
분수의 크기 비교

43회
평가 B

42회
평가 A

40회
소수

41회
소수의 크기 비교

부분은 전체의 얼마인지 분수로 나타냅니다.

부분 █은 전체 □□□□를 똑같이 4로 나눈 것 중의 2입니다.

쓰기 $\dfrac{2}{4}$ ← 분자 / ← 분모

읽기 4분의 2

색칠한 부분은 전체를 똑같이 5로 나눈 것 중의 3입니다.

→ $\dfrac{(색칠한\ 부분)}{(전체)} = \dfrac{3}{5}$

◆ □ 안에 알맞은 수를 써넣으세요.

1

색칠한 부분은 전체를 똑같이 □로 나눈 것 중의 □입니다.

2

색칠한 부분은 전체를 똑같이 □으로 나눈 것 중의 □입니다.

3

색칠한 부분은 전체를 똑같이 □로 나눈 것 중의 □입니다.

4

색칠한 부분은 전체를 똑같이 □로 나눈 것 중의 □입니다.

◆ 색칠한 부분에 알맞은 분수를 찾아 ○표 하세요.

5

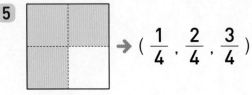

→ ($\dfrac{1}{4}$, $\dfrac{2}{4}$, $\dfrac{3}{4}$)

6

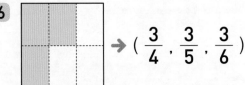

→ ($\dfrac{3}{4}$, $\dfrac{3}{5}$, $\dfrac{3}{6}$)

7

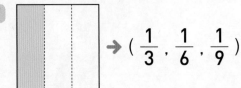

→ ($\dfrac{1}{3}$, $\dfrac{1}{6}$, $\dfrac{1}{9}$)

8

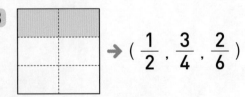

→ ($\dfrac{1}{2}$, $\dfrac{3}{4}$, $\dfrac{2}{6}$)

9

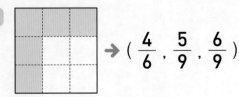

→ ($\dfrac{4}{6}$, $\dfrac{5}{9}$, $\dfrac{6}{9}$)

◯ 연습 분수

◆ ☐ 안에 알맞은 수를 써넣으세요.

◆ 색칠한 부분을 분수로 쓰고 읽어 보세요.

10

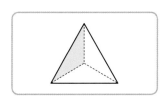

부분  은 전체 를 똑같이 3으

로 나눈 것 중의 ☐ 이므로 ☐/☐ 입니다.

13

쓰기	읽기

14

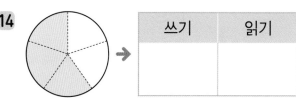

쓰기	읽기

11

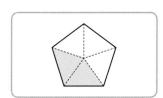

부분 은 전체 를 똑같이

5로 나눈 것 중의 ☐ 이므로 ☐/☐ 입니다.

15

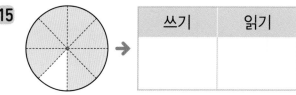

쓰기	읽기

6단원 37회

16

쓰기	읽기

12

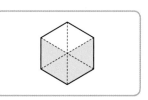

부분  은 전체 를 똑같이

6으로 나눈 것 중의 ☐ 이므로 ☐/☐ 입니다.

17

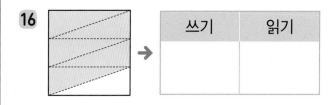

쓰기	읽기

18

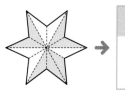

쓰기	읽기

◆ 분수만큼 색칠해 보세요.

◆ 색칠한 부분과 색칠하지 않은 부분은 각각 전체의 얼마인지 분수로 나타내세요.

19 $\dfrac{1}{3}$ →
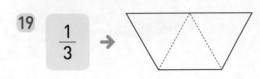

25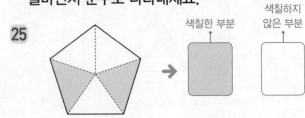
색칠한 부분 · 색칠하지 않은 부분

20 $\dfrac{3}{4}$ →
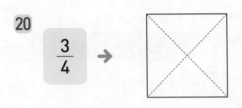

26 →
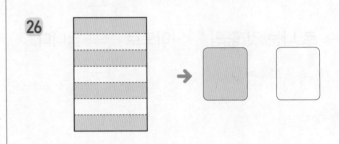

21 $\dfrac{2}{5}$ →
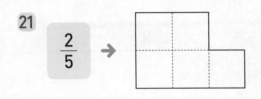

27 →
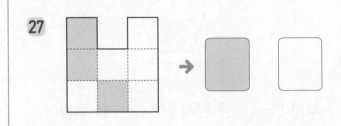

22 $\dfrac{5}{6}$ →
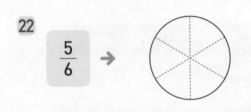

28 →
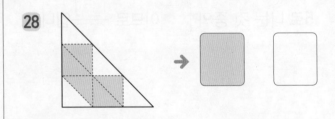

23 $\dfrac{5}{8}$ →
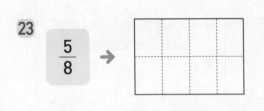

29 →
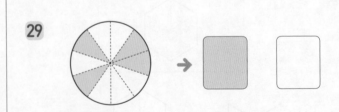

24 $\dfrac{7}{9}$ →
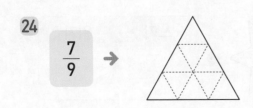

30 →
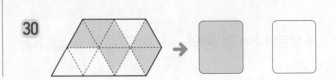

★ 완성 분수

◆ 자물쇠에서 앞의 수는 분자, 뒤의 수는 분모입니다. 자물쇠가 나타내는 분수가 각 음식을 먹고 남은 부분이 나타
내는 분수와 같으면 자물쇠가 열립니다. 알맞은 말에 ○표 하세요.

31

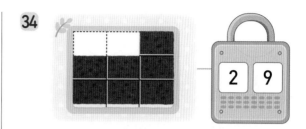

자물쇠가 (열립니다 , 열리지 않습니다).

34

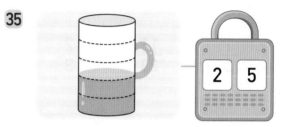

자물쇠가 (열립니다 , 열리지 않습니다).

32

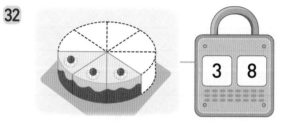

자물쇠가 (열립니다 , 열리지 않습니다).

35

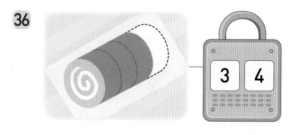

자물쇠가 (열립니다 , 열리지 않습니다).

33

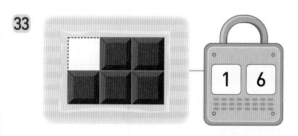

자물쇠가 (열립니다 , 열리지 않습니다).

36

자물쇠가 (열립니다 , 열리지 않습니다).

+ 문해력

37 윤선이는 와플을 똑같이 4조각 으로 나누어 그중 3조각 을 먹었습니다. 윤선이가
먹은 와플은 전체의 몇 분의 몇일까요?

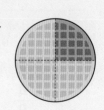

풀이 먹은 부분은 전체를 똑같이 ☐ 로 나눈 것 중의 ☐ 이므로 ☐/☐ 입니다.

답 윤선이가 먹은 와플은 전체의 ☐/☐ 입니다.

분자가 1인 분수를 단위분수라고 합니다.

$$\frac{1}{2} \qquad \frac{1}{3} \qquad \frac{1}{4}$$

1을 똑같이 ■로 나눈 것 중의 하나야.

두 단위분수의 크기를 비교해 봅니다.

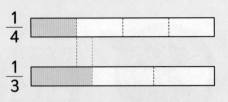

$$\frac{1}{4} \;\bigcirc<\; \frac{1}{3}$$ 단위분수는 분모가 클수록 더 작아.

◆ 단위분수를 찾아 ◯표 하세요.

1 $\dfrac{1}{3}$ $\dfrac{11}{23}$ $\dfrac{2}{3}$

2 $\dfrac{2}{7}$ $\dfrac{1}{15}$ $\dfrac{5}{9}$

3 $\dfrac{1}{32}$ $\dfrac{3}{4}$ $\dfrac{5}{6}$

4 $\dfrac{7}{8}$ $\dfrac{1}{9}$ $\dfrac{9}{17}$

5 $\dfrac{4}{9}$ $\dfrac{5}{14}$ $\dfrac{1}{22}$

6 $\dfrac{7}{31}$ $\dfrac{1}{27}$ $\dfrac{5}{8}$

◆ 그림을 보고 ◯ 안에 ＞, ＜를 알맞게 써넣으세요.

7 $\dfrac{1}{3}$
   $\dfrac{1}{2}$
   $\dfrac{1}{3} \;\bigcirc\; \dfrac{1}{2}$

8 $\dfrac{1}{4}$
   $\dfrac{1}{5}$
   $\dfrac{1}{4} \;\bigcirc\; \dfrac{1}{5}$

9 $\dfrac{1}{5}$
   $\dfrac{1}{7}$
   $\dfrac{1}{5} \;\bigcirc\; \dfrac{1}{7}$

10 $\dfrac{1}{8}$
   $\dfrac{1}{6}$
   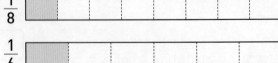
   $\dfrac{1}{8} \;\bigcirc\; \dfrac{1}{6}$

⬤ 연습　단위분수, 단위분수의 크기 비교

◆ 색칠한 부분을 단위분수로 나타내세요.

◆ 두 분수의 크기를 비교하여 ○ 안에 >, =, <를 알맞게 써넣으세요.

11
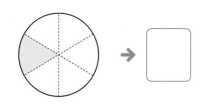 ➜ ☐

12
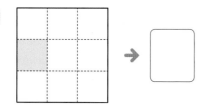 ➜ ☐

13
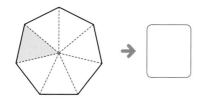 ➜ ☐

14
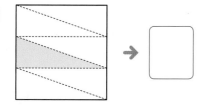 ➜ ☐

15
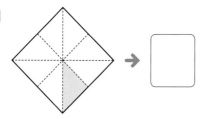 ➜ ☐

16
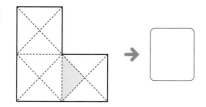 ➜ ☐

17 ① $\dfrac{1}{4}$ ◯ $\dfrac{1}{2}$

② $\dfrac{1}{4}$ ◯ $\dfrac{1}{7}$

18 ① $\dfrac{1}{6}$ ◯ $\dfrac{1}{14}$

② $\dfrac{1}{6}$ ◯ $\dfrac{1}{2}$

19 ① $\dfrac{1}{8}$ ◯ $\dfrac{1}{5}$

② $\dfrac{1}{8}$ ◯ $\dfrac{1}{10}$

20 ① $\dfrac{1}{9}$ ◯ $\dfrac{1}{11}$

② $\dfrac{1}{9}$ ◯ $\dfrac{1}{13}$

21 ① $\dfrac{1}{10}$ ◯ $\dfrac{1}{15}$

② $\dfrac{1}{10}$ ◯ $\dfrac{1}{4}$

22 ① $\dfrac{1}{13}$ ◯ $\dfrac{1}{3}$

② $\dfrac{1}{13}$ ◯ $\dfrac{1}{7}$

6단원 38회

◆ ☐ 안에 알맞은 수를 써넣으세요.

23 $\frac{1}{3}$

$\frac{2}{3}$

$\frac{1}{3}$이 ☐ 개이면 $\frac{2}{3}$입니다.

24 $\frac{1}{4}$

$\frac{3}{4}$

$\frac{1}{4}$이 ☐ 개이면 $\frac{3}{4}$입니다.

25 $\frac{1}{5}$

$\frac{2}{5}$

$\frac{2}{5}$는 $\frac{1}{5}$이 ☐ 개입니다.

26 $\frac{1}{6}$

$\frac{4}{6}$

$\frac{4}{6}$는 $\frac{1}{6}$이 ☐ 개입니다.

27 $\frac{1}{7}$

$\frac{5}{7}$

$\frac{5}{7}$는 $\frac{1}{7}$이 ☐ 개입니다.

◆ 가장 큰 수를 찾아 ○표 하세요.

28

$\frac{1}{6}$	$\frac{1}{5}$	$\frac{1}{4}$

29

$\frac{1}{2}$	$\frac{1}{12}$	$\frac{1}{21}$

30

$\frac{1}{4}$	$\frac{1}{8}$	$\frac{1}{3}$

31

$\frac{1}{10}$	$\frac{1}{11}$	$\frac{1}{12}$

32

$\frac{1}{15}$	$\frac{1}{7}$	$\frac{1}{8}$

33

$\frac{1}{31}$	$\frac{1}{41}$	$\frac{1}{51}$

34

$\frac{1}{26}$	$\frac{1}{16}$	$\frac{1}{6}$

★ 완성　단위분수, 단위분수의 크기 비교

◆ 펭귄이 두 수 중 더 작은 수를 따라 내려갔을 때 먹게 되는 간식은 무엇인지 구하세요.

35

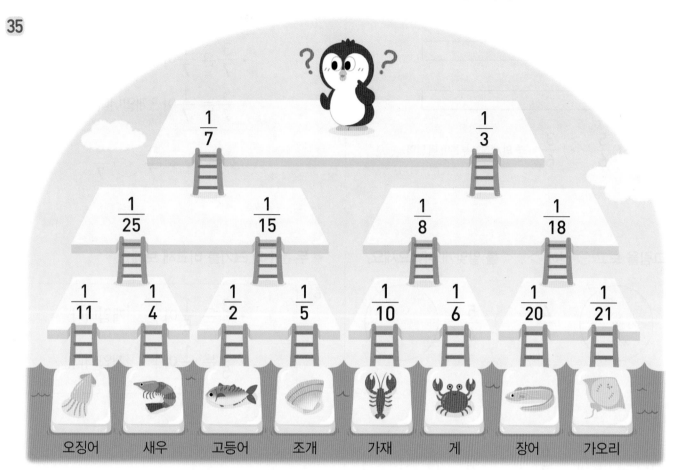

→ 먹게 되는 간식: ☐

+문해력

36 은서와 지후는 똑같은 책을 각각 읽고 있습니다. 은서와 지후 중에서 책을 더 많이 읽은 사람
은 누구일까요?

나는 전체의 $\frac{1}{7}$ 만큼 읽었어.　은서　지후　나는 전체의 $\frac{1}{9}$ 만큼 읽었어.

풀이 단위분수의 크기를 비교합니다.

→ 은서가 읽은 책의 양: ☐ ◯ 지후가 읽은 책의 양: ☐

답 책을 더 많이 읽은 사람은 ☐ 입니다.

분모가 같은 두 분수의 크기를 비교해 봅니다.

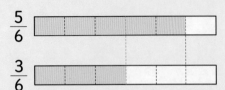

→ $\frac{5}{6}$ $\boxed{>}$ $\frac{3}{6}$　$\frac{5}{6}$의 색칠한 부분이 더 넓어.

분모가 같은 분수는 분자가 클수록 더 큽니다.

- $\frac{3}{7}$은 $\frac{1}{7}$이 3개입니다.
- $\frac{5}{7}$는 $\frac{1}{7}$이 5개입니다.

3 $\boxed{<}$ 5 → $\frac{3}{7}$ $\boxed{<}$ $\frac{5}{7}$

◆ 그림을 보고 ○ 안에 >, <를 알맞게 써넣으세요.

1 $\frac{4}{6}$ ○ $\frac{5}{6}$

2 $\frac{6}{7}$ ○ $\frac{3}{7}$

3 $\frac{3}{8}$ ○ $\frac{5}{8}$

4 $\frac{8}{9}$ ○ $\frac{6}{9}$

5 $\frac{8}{10}$ ○ $\frac{6}{10}$

◆ 두 분수의 크기를 비교해 보세요.

6
- $\frac{3}{5}$은 $\frac{1}{5}$이 $\boxed{}$ 개입니다.
- $\frac{2}{5}$는 $\frac{1}{5}$이 $\boxed{}$ 개입니다.

$\frac{3}{5}$ ○ $\frac{2}{5}$

7
- $\frac{2}{8}$는 $\frac{1}{8}$이 $\boxed{}$ 개입니다.
- $\frac{6}{8}$은 $\frac{1}{8}$이 $\boxed{}$ 개입니다.

$\frac{2}{8}$ ○ $\frac{6}{8}$

8
- $\frac{7}{12}$은 $\frac{1}{12}$이 $\boxed{}$ 개입니다.
- $\frac{4}{12}$는 $\frac{1}{12}$이 $\boxed{}$ 개입니다.

$\frac{7}{12}$ ○ $\frac{4}{12}$

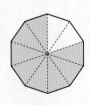

 **분모가 같은 분수의 크기 비교**

 9~19번 문제

$$\frac{4}{5} \bigcirc> \frac{1}{5} \quad \bigcirc \qquad \frac{4}{5} \bigcirc< \frac{1}{5} \quad ✕$$

분자가 클수록 큰 분수야.
답을 잘못 쓰지 않도록 조심!

◆ 두 분수의 크기를 비교하여 ○ 안에 >, <를 알맞게 써넣으세요.

9 ① $\frac{3}{4} \bigcirc \frac{1}{4}$

② $\frac{3}{4} \bigcirc \frac{2}{4}$

10 ① $\frac{2}{5} \bigcirc \frac{1}{5}$

② $\frac{2}{5} \bigcirc \frac{4}{5}$

11 ① $\frac{2}{6} \bigcirc \frac{5}{6}$

② $\frac{2}{6} \bigcirc \frac{4}{6}$

12 ① $\frac{4}{7} \bigcirc \frac{3}{7}$

② $\frac{4}{7} \bigcirc \frac{5}{7}$

13 ① $\frac{5}{9} \bigcirc \frac{4}{9}$

② $\frac{5}{9} \bigcirc \frac{6}{9}$

◆ 두 분수의 크기를 비교하여 ○ 안에 >, <를 알맞게 써넣으세요.

14 ① $\frac{8}{11} \bigcirc \frac{10}{11}$

② $\frac{8}{11} \bigcirc \frac{2}{11}$

15 ① $\frac{7}{15} \bigcirc \frac{6}{15}$

② $\frac{7}{15} \bigcirc \frac{11}{15}$

16 ① $\frac{5}{18} \bigcirc \frac{7}{18}$

② $\frac{5}{18} \bigcirc \frac{10}{18}$

17 ① $\frac{11}{20} \bigcirc \frac{15}{20}$

② $\frac{11}{20} \bigcirc \frac{9}{20}$

18 ① $\frac{15}{27} \bigcirc \frac{18}{27}$

② $\frac{15}{27} \bigcirc \frac{21}{27}$

19 ① $\frac{27}{30} \bigcirc \frac{15}{30}$

② $\frac{27}{30} \bigcirc \frac{29}{30}$

◆ 두 수 중 더 큰 수를 빈칸에 써넣으세요.

◆ 가장 작은 수를 찾아 ○표 하세요.

20 $\dfrac{1}{3}$ $\dfrac{2}{3}$ →

28 $\dfrac{2}{7}$ $\dfrac{5}{7}$ $\dfrac{3}{7}$

21 $\dfrac{4}{15}$ $\dfrac{2}{15}$ →

29 $\dfrac{9}{10}$ $\dfrac{5}{10}$ $\dfrac{7}{10}$

22 $\dfrac{1}{6}$ $\dfrac{5}{6}$ →

30 $\dfrac{7}{9}$ $\dfrac{1}{9}$ $\dfrac{8}{9}$

23 $\dfrac{7}{10}$ $\dfrac{3}{10}$ →

31 $\dfrac{1}{5}$ $\dfrac{4}{5}$ $\dfrac{3}{5}$

24 $\dfrac{1}{7}$ $\dfrac{4}{7}$ →

32 $\dfrac{6}{12}$ $\dfrac{8}{12}$ $\dfrac{4}{12}$

25 $\dfrac{5}{9}$ $\dfrac{2}{9}$ →

33 $\dfrac{2}{11}$ $\dfrac{3}{11}$ $\dfrac{4}{11}$

26 $\dfrac{7}{8}$ $\dfrac{5}{8}$ →

34 $\dfrac{5}{14}$ $\dfrac{3}{14}$ $\dfrac{11}{14}$

27 $\dfrac{9}{13}$ $\dfrac{11}{13}$ →

35 $\dfrac{8}{16}$ $\dfrac{11}{16}$ $\dfrac{9}{16}$

★ 완성 분모가 같은 분수의 크기 비교

◆ 크기를 바르게 비교한 퍼즐을 찾아 색칠해 보세요.

36

$\dfrac{3}{8} > \dfrac{2}{8}$ $\dfrac{4}{6} < \dfrac{3}{6}$

$\dfrac{4}{7} > \dfrac{6}{7}$ $\dfrac{1}{21} < \dfrac{4}{21}$

38

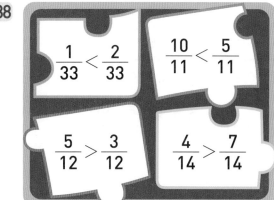

$\dfrac{1}{33} < \dfrac{2}{33}$ $\dfrac{10}{11} < \dfrac{5}{11}$

$\dfrac{5}{12} > \dfrac{3}{12}$ $\dfrac{4}{14} > \dfrac{7}{14}$

37

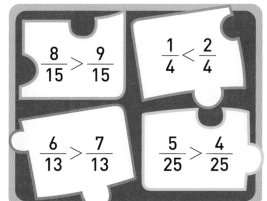

$\dfrac{8}{15} > \dfrac{9}{15}$ $\dfrac{1}{4} < \dfrac{2}{4}$

$\dfrac{6}{13} > \dfrac{7}{13}$ $\dfrac{5}{25} > \dfrac{4}{25}$

39

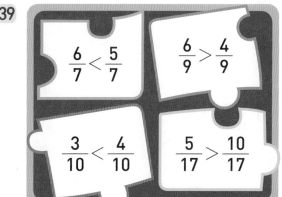

$\dfrac{6}{7} < \dfrac{5}{7}$ $\dfrac{6}{9} > \dfrac{4}{9}$

$\dfrac{3}{10} < \dfrac{4}{10}$ $\dfrac{5}{17} > \dfrac{10}{17}$

+ 문해력

40 똑같은 우유를 소미는 전체의 $\dfrac{7}{20}$ 만큼 마셨고, 수호는 전체의 $\dfrac{9}{20}$ 만큼 마셨습니다. 소미와 수호 중에서 우유를 더 많이 마신 사람은 누구일까요?

풀이 분모가 같은 분수의 크기를 비교합니다.

→ 소미가 마신 우유의 양: ☐ ◯ 수호가 마신 우유의 양: ☐

답 우유를 더 많이 마신 사람은 ☐ 입니다.

개념 소수

분모가 10인 분수를 소수로 나타냅니다.

$$\frac{7}{10}=0.7 \rightarrow \begin{cases} \text{쓰기} \ 0.7 \\ \text{읽기} \ \text{영}\vee\text{점}\vee\text{칠} \end{cases}$$

소수점

1보다 큰 소수를 알아봅니다.

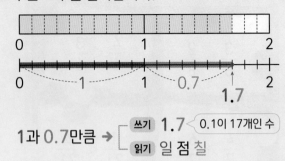

1과 0.7만큼 → 쓰기 1.7 ◁ 0.1이 17개인 수
읽기 일 점 칠

◆ 분수를 소수로 나타내세요.

1 $\dfrac{1}{10}$ → (   )

2 $\dfrac{3}{10}$ → (   )

3 $\dfrac{4}{10}$ → (   )

4 $\dfrac{5}{10}$ → (   )

5 $\dfrac{6}{10}$ → (   )

6 $\dfrac{9}{10}$ → (   )

◆ ☐ 안에 알맞은 소수를 써넣으세요.

7 1과 0.2만큼 → ☐

8 2와 0.7만큼 → ☐

9 3과 0.1만큼 → ☐

10 4와 0.5만큼 → ☐

11 5와 0.3만큼 → ☐

12 6과 0.9만큼 → ☐

연습 소수

◆ 소수를 읽어 보세요.

13
0.2	→	
1.2	→	

14
0.3	→	
2.3	→	

15
0.4	→	
5.4	→	

16
0.5	→	
3.5	→	

17
0.6	→	
8.6	→	

18
0.7	→	
9.7	→	

19
0.8	→	
11.8	→	

◆ ☐ 안에 알맞은 소수를 써넣으세요.

20 색칠한 부분을 소수로 나타내.

①

②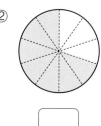

21
①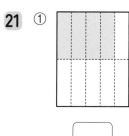

②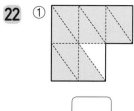

22
①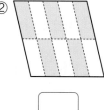

②

23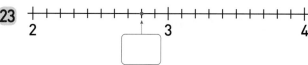

24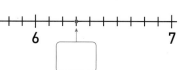

25

◆ ☐ 안에 알맞은 수를 써넣으세요.

26 ① 0.2는 0.1이 ☐ 개입니다.

② 3.2는 0.1이 ☐ 개입니다.

27 ① 0.4는 0.1이 ☐ 개입니다.

② 5.4는 0.1이 ☐ 개입니다.

28 ① 0.6은 0.1이 ☐ 개입니다.

② 13.6은 0.1이 ☐ 개입니다.

29 ① 0.8은 0.1이 ☐ 개입니다.

② 21.8은 0.1이 ☐ 개입니다.

30 ① 0.1이 5개이면 ☐ 입니다.

② 0.1이 75개이면 ☐ 입니다.

31 ① 0.1이 7개이면 ☐ 입니다.

② 0.1이 157개이면 ☐ 입니다.

32 ① 0.1이 9개이면 ☐ 입니다.

② 0.1이 459개이면 ☐ 입니다.

◆ ☐ 안에 알맞은 소수를 써넣으세요.

33 ① 4 mm = ☐ cm

② 1 cm 4 mm = ☐ cm

34 ① 7 mm = ☐ cm

② 2 cm 7 mm = ☐ cm

35 ① 5 cm 5 mm = ☐ cm

② 9 cm 5 mm = ☐ cm

36 ① 1 cm 9 mm = ☐ cm

② 8 cm 9 mm = ☐ cm

37 ① 10 cm 2 mm = ☐ cm

② 15 cm 2 mm = ☐ cm

38 ① 21 cm 3 mm = ☐ cm

② 37 cm 3 mm = ☐ cm

39 ① 61 cm 8 mm = ☐ cm

② 82 cm 8 mm = ☐ cm

★ **완성** 소수

◆ 수를 바르게 읽은 것을 찾아 이어 보세요.

40

| 7.6 | 9.2 | 2.8 | 1.3 | 8.7 |

구 점 이   일 점 삼   칠 점 육   이 점 팔   팔 점 칠

41

| 6.4 | 5.2 | 4.4 | 2.1 | 3.9 |

오 점 이   이 점 일   육 점 사   삼 점 구   사 점 사

➕문해력

42 시아가 키우는 강낭콩 줄기의 길이가 어제는 8 cm 였고, 오늘은 어제보다 5 mm 더 자랐습니다. 오늘 강낭콩 줄기의 길이는 몇 cm인지 소수로 나타내세요.

풀이 ⬚ cm ⬚ mm = ⬚ cm

답 오늘 강낭콩의 키는 ⬚ cm입니다.

두 소수의 크기를 비교해 봅니다.

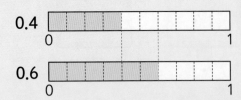

→ 0.4 < 0.6 0.6의 색칠한 부분이 더 넓어.

소수는 0.1의 개수가 많을수록 더 큽니다.

- 2.2는 0.1이 22개입니다.
- 1.9는 0.1이 19개입니다.

22 > 19 → 2.2 > 1.9

◆ 그림을 보고 ○ 안에 >, <를 알맞게 써넣으세요.

1 0.5 / 0.8

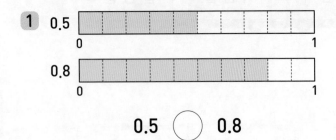

0.5 ○ 0.8

2 1.3 / 0.9

1.3 ○ 0.9

3 1.4 / 1.7

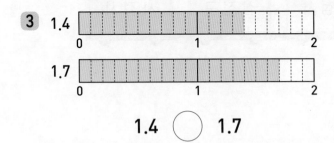

1.4 ○ 1.7

4 2.5 / 1.8

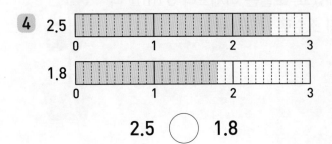

2.5 ○ 1.8

◆ 두 소수의 크기를 비교해 보세요.

5
- 2.8은 0.1이 ☐ 개입니다.
- 2.7은 0.1이 ☐ 개입니다.

2.8 ○ 2.7

6
- 3.1은 0.1이 ☐ 개입니다.
- 4.5는 0.1이 ☐ 개입니다.

3.1 ○ 4.5

7
- 6.9는 0.1이 ☐ 개입니다.
- 6.4는 0.1이 ☐ 개입니다.

6.9 ○ 6.4

8
- 8.6은 0.1이 ☐ 개입니다.
- 9.1은 0.1이 ☐ 개입니다.

8.6 ○ 9.1

 **연습** 소수의 크기 비교

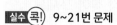 9~21번 문제

 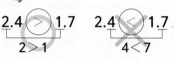

소수점 오른쪽에 있는 수를 먼저 보고 비교하지 않도록 조심!

◆ 두 소수의 크기를 비교하여 ○ 안에 >, =, <를 알맞게 써넣으세요.

9 ① 0.7 ◯ 1.2

② 0.7 ◯ 2.3

10 ① 3.2 ◯ 5.1

② 3.2 ◯ 1.8

11 ① 4.9 ◯ 2.9

② 4.9 ◯ 3.8

12 ① 6.5 ◯ 4.1

② 6.5 ◯ 7.9

13 ① 7.6 ◯ 9.2

② 7.6 ◯ 6.8

14 ① 10.3 ◯ 8.6

② 10.3 ◯ 11.4

◆ 두 소수의 크기를 비교하여 ○ 안에 >, =, <를 알맞게 써넣으세요.

15 ① 1.6 ◯ 1.1

② 1.6 ◯ 1.5

16 ① 3.5 ◯ 3.3

② 3.5 ◯ 3.4

17 ① 4.7 ◯ 4.3

② 4.7 ◯ 4.8

18 ① 5.6 ◯ 5.8

② 5.6 ◯ 5.4

19 ① 7.4 ◯ 7.5

② 7.4 ◯ 7.8

20 ① 8.7 ◯ 8.4

② 8.7 ◯ 8.9

21 ① 12.5 ◯ 12.1

② 12.5 ◯ 12.6

6^{단원}
41회

◆ 더 큰 수에 ○표 하세요.

22
| 0.1이 9개인 수 | |
| 0.1이 11개인 수 | |

23
| 0.1이 51개인 수 | |
| 0.1이 27개인 수 | |

24
| 0.1이 49개인 수 | |
| 0.1이 68개인 수 | |

25
| 0.1이 62개인 수 | |
| 0.1이 85개인 수 | |

26
| 0.1이 71개인 수 | |
| 0.1이 33개인 수 | |

27
| 0.1이 92개인 수 | |
| 0.1이 63개인 수 | |

28
| 0.1이 78개인 수 | |
| 0.1이 217개인 수 | |

◆ 가장 큰 수와 가장 작은 수를 각각 찾아 쓰세요.

29

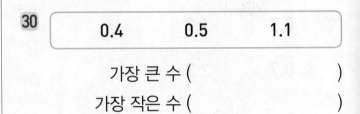

| 0.9 | 0.3 | 0.2 |

가장 큰 수 ( )
가장 작은 수 ( )

30
| 0.4 | 0.5 | 1.1 |

가장 큰 수 ( )
가장 작은 수 ( )

31
| 3.9 | 5.2 | 5.8 |

가장 큰 수 ( )
가장 작은 수 ( )

32
| 7.3 | 6.5 | 7.9 |

가장 큰 수 ( )
가장 작은 수 ( )

33
| 8.4 | 6.8 | 6.9 |

가장 큰 수 ( )
가장 작은 수 ( )

34
| 11.2 | 10.7 | 10.1 |

가장 큰 수 ( )
가장 작은 수 ( )

★ **완성** 소수의 크기 비교

◆ 아기 북극곰이 아빠 북극곰에게 가려고 합니다. 갈림길에서 더 작은 소수를 따라갈 때 아빠 북극곰에게 가는 길
을 선으로 그려 보세요.

35

+문해력

36 연필의 길이는 14.6 cm, 색연필의 길이는 13.8 cm 입니다. 연필과 색연필
중에서 길이가 더 긴 것은 어느 것일까요?

풀이 소수의 크기를 비교합니다.

→ 연필의 길이: ☐ cm ◯ 색연필의 길이: ☐ cm

답 길이가 더 긴 것은 ☐ 입니다.

◆ 색칠한 부분을 분수로 쓰고 읽어 보세요.

1

쓰기	읽기

2

쓰기	읽기

3

쓰기	읽기

4

쓰기	읽기

5

쓰기	읽기

6

쓰기	읽기

◆ 두 분수의 크기를 비교하여 ○ 안에 >, =, <를 알맞게 써넣으세요.

7 ① $\dfrac{1}{3}$ ◯ $\dfrac{1}{2}$

② $\dfrac{1}{3}$ ◯ $\dfrac{1}{5}$

8 ① $\dfrac{1}{7}$ ◯ $\dfrac{1}{6}$

② $\dfrac{1}{7}$ ◯ $\dfrac{1}{10}$

9 ① $\dfrac{1}{12}$ ◯ $\dfrac{1}{9}$

② $\dfrac{1}{12}$ ◯ $\dfrac{1}{15}$

10 ① $\dfrac{6}{11}$ ◯ $\dfrac{3}{11}$

② $\dfrac{6}{11}$ ◯ $\dfrac{7}{11}$

11 ① $\dfrac{8}{19}$ ◯ $\dfrac{17}{19}$

② $\dfrac{8}{19}$ ◯ $\dfrac{5}{19}$

12 ① $\dfrac{16}{24}$ ◯ $\dfrac{17}{24}$

② $\dfrac{16}{24}$ ◯ $\dfrac{22}{24}$

◆ 소수를 읽어 보세요.

13

0.1	→	
1.1	→	

14

0.4	→	
3.4	→	

15

0.8	→	
4.8	→	

16

0.9	→	
5.9	→	

◆ ☐ 안에 알맞은 소수를 써넣으세요.

17 ① 색칠한 부분을 소수로 나타내.

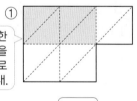 ②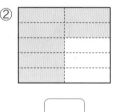

18

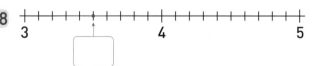

3   4   5

19

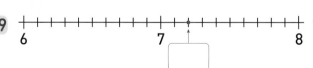

6   7   8

◆ 두 소수의 크기를 비교하여 ◯ 안에 >, =, <를 알맞게 써넣으세요.

20 ① 0.5 ◯ 0.2

② 0.5 ◯ 2.3

21 ① 0.6 ◯ 1.3

② 0.6 ◯ 2.1

22 ① 6.1 ◯ 7.5

② 6.1 ◯ 5.7

23 ① 8.2 ◯ 4.6

② 8.2 ◯ 10.2

24 ① 7.7 ◯ 7.6

② 7.7 ◯ 7.8

25 ① 9.5 ◯ 9.9

② 9.5 ◯ 9.3

26 ① 13.3 ◯ 13.2

② 13.3 ◯ 13.4

6단원 42회

6. 분수와 소수   163

◆ 분수만큼 색칠해 보세요.

1 $\frac{1}{2}$ →

2 $\frac{3}{6}$ →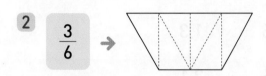

3 $\frac{4}{9}$ →

◆ ☐ 안에 알맞은 수를 써넣으세요.

4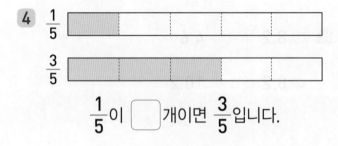

$\frac{1}{5}$

$\frac{3}{5}$

$\frac{1}{5}$이 ☐ 개이면 $\frac{3}{5}$입니다.

5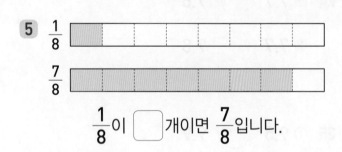

$\frac{1}{8}$

$\frac{7}{8}$

$\frac{1}{8}$이 ☐ 개이면 $\frac{7}{8}$입니다.

6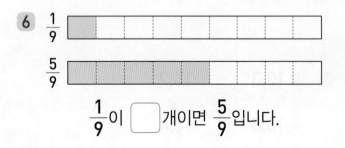

$\frac{1}{9}$

$\frac{5}{9}$

$\frac{1}{9}$이 ☐ 개이면 $\frac{5}{9}$입니다.

◆ 가장 큰 수를 찾아 ◯표 하세요.

7

$\frac{1}{5}$	$\frac{1}{7}$	$\frac{1}{6}$

8

$\frac{1}{13}$	$\frac{1}{10}$	$\frac{1}{8}$

9

$\frac{1}{20}$	$\frac{1}{17}$	$\frac{1}{18}$

10

$\frac{2}{7}$	$\frac{6}{7}$	$\frac{4}{7}$

11

$\frac{9}{11}$	$\frac{3}{11}$	$\frac{7}{11}$

12

$\frac{9}{15}$	$\frac{7}{15}$	$\frac{10}{15}$

13

$\frac{21}{23}$	$\frac{19}{23}$	$\frac{15}{23}$

◆ ☐ 안에 알맞은 수를 써넣으세요.

14 ① 0.3은 0.1이 ☐ 개입니다.

② 1.3은 0.1이 ☐ 개입니다.

15 ① 0.5는 0.1이 ☐ 개입니다.

② 2.5는 0.1이 ☐ 개입니다.

16 ① 0.4는 0.1이 ☐ 개입니다.

② 6.4는 0.1이 ☐ 개입니다.

17 ① 0.8은 0.1이 ☐ 개입니다.

② 7.8은 0.1이 ☐ 개입니다.

18 ① 0.1이 2개이면 ☐ 입니다.

② 0.1이 52개이면 ☐ 입니다.

19 ① 0.1이 6개이면 ☐ 입니다.

② 0.1이 46개이면 ☐ 입니다.

20 ① 0.1이 7개이면 ☐ 입니다.

② 0.1이 107개이면 ☐ 입니다.

◆ 가장 큰 수와 가장 작은 수를 각각 찾아 쓰세요.

21

| 0.8 | 0.4 | 0.6 |

가장 큰 수 ( )
가장 작은 수 ( )

22

| 2.9 | 2.6 | 4.3 |

가장 큰 수 ( )
가장 작은 수 ( )

23

| 3.6 | 4.2 | 3.7 |

가장 큰 수 ( )
가장 작은 수 ( )

24

| 6.7 | 9.6 | 6.6 |

가장 큰 수 ( )
가장 작은 수 ( )

25

| 9.8 | 10.9 | 10.5 |

가장 큰 수 ( )
가장 작은 수 ( )

26

| 11.6 | 11.4 | 12.1 |

가장 큰 수 ( )
가장 작은 수 ( )

6^{단원}
43회

◆ 계산해 보세요.

1 ①
```
   2 4 6
 + 1 5 1
```
②
```
   3 5 1
 + 2 2 7
```

2 ①
```
   4 1 8
 + 1 3 7
```
②
```
   5 9 2
 + 3 4 6
```

3 ①
```
   2 6 5
 + 3 7 8
```
②
```
   7 7 3
 + 5 9 9
```

4 ①
```
   3 6 9
 - 1 4 3
```
②
```
   4 8 5
 - 2 5 1
```

5 ①
```
   2 7 2
 - 1 3 5
```
②
```
   3 6 7
 - 1 7 2
```

6 ①
```
   7 3 1
 - 1 8 7
```
②
```
   9 3 4
 - 3 5 9
```

◆ 도형의 이름을 쓰세요.

7 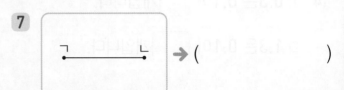 → (   )

8  → (   )

9 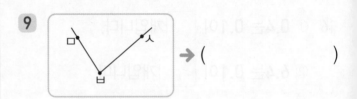 → (   )

◆ 각 도형을 찾아 기호를 쓰세요.

10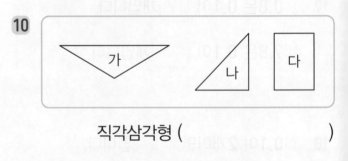

직각삼각형 (   )

11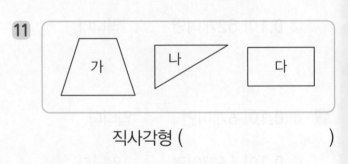

직사각형 (   )

12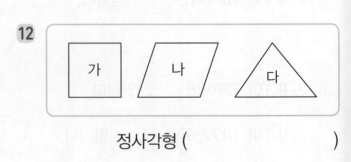

정사각형 (   )

◆ 곱셈식은 나눗셈식으로, 나눗셈식은 곱셈식으로 나타내세요.

13

$3 \times 4 = 12$

14

$8 \times 6 = 48$

15

$56 \div 7 = 8$

◆ 나눗셈의 몫을 구하세요.

16 ① $14 \div 2$

② $18 \div 2$

17 ① $24 \div 4$

② $32 \div 4$

18 ① $30 \div 6$

② $54 \div 6$

19 ① $32 \div 8$

② $64 \div 8$

◆ 곱셈을 해 보세요.

20 ①
$$\begin{array}{r} 4\ 0 \\ \times\quad 2 \\ \hline \end{array}$$
②
$$\begin{array}{r} 2\ 3 \\ \times\quad 2 \\ \hline \end{array}$$

21 ①
$$\begin{array}{r} 5\ 2 \\ \times\quad 3 \\ \hline \end{array}$$
②
$$\begin{array}{r} 6\ 4 \\ \times\quad 2 \\ \hline \end{array}$$

22 ①
$$\begin{array}{r} 1\ 7 \\ \times\quad 5 \\ \hline \end{array}$$
②
$$\begin{array}{r} 3\ 9 \\ \times\quad 2 \\ \hline \end{array}$$

23 ①
$$\begin{array}{r} 1\ 6 \\ \times\quad 4 \\ \hline \end{array}$$
②
$$\begin{array}{r} 2\ 7 \\ \times\quad 3 \\ \hline \end{array}$$

24 ①
$$\begin{array}{r} 6\ 7 \\ \times\quad 8 \\ \hline \end{array}$$
②
$$\begin{array}{r} 8\ 6 \\ \times\quad 6 \\ \hline \end{array}$$

25 ①
$$\begin{array}{r} 5\ 8 \\ \times\quad 7 \\ \hline \end{array}$$
②
$$\begin{array}{r} 7\ 9 \\ \times\quad 5 \\ \hline \end{array}$$

전단원
총정리
44회

◆ ☐ 안에 알맞은 수를 써넣으세요.

26 ① **7 cm 8 mm =** ☐ **mm**

② **65 mm =** ☐ **cm** ☐ **mm**

27 ① **4 km 540 m =** ☐ **m**

② **3050 m =** ☐ **km** ☐ **m**

28 ① **3분 20초 =** ☐ **초**

② **450초 =** ☐ **분** ☐ **초**

◆ 시간의 덧셈과 뺄셈을 해 보세요.

29
```
     1시    13분  20초
+  2시간   30분  19초
```

30
```
  2시간   36분  45초
+ 1시간   40분  35초
```

31
```
   6시    54분  26초
- 3시간   21분   4초
```

32
```
   3시    15분  12초
-  1시    38분  29초
```

◆ 색칠한 부분을 분수로 쓰고 읽어 보세요.

33

쓰기	읽기

34

쓰기	읽기

35

쓰기	읽기

◆ 두 수의 크기를 비교하여 ○ 안에 >, =, <를 알맞게 써넣으세요.

36 ① $\dfrac{1}{2}$ ○ $\dfrac{1}{4}$

② $\dfrac{1}{5}$ ○ $\dfrac{1}{7}$

37 ① $\dfrac{7}{10}$ ○ $\dfrac{9}{10}$

② $\dfrac{4}{13}$ ○ $\dfrac{5}{13}$

38 ① **2.5** ○ **3.1**

② **6.2** ○ **5.9**

39 ① **4.6** ○ **4.3**

② **8.3** ○ **8.7**

동아출판 초등 무료 스마트러닝

동아출판 초등 **무료 스마트러닝**으로 쉽고 재미있게!

과목별·영역별 특화 강의

수학 개념 강의

국어 독해 지문 분석 강의

구구단 송

그림으로 이해하는 비주얼씽킹 강의

과학 실험 동영상 강의

과목별 문제 풀이 강의

서비스 제공 교재   큐브 | 백점 과학 | 빠작 초등 국어 | 초능력 | 초고필 | 하이탑 초등 과학

엄마표 학습 큐브

큐챌린지란?

큐브로 6주간 매주 자녀와
학습한 내용을 기록하고,
같은 목표를 가진 엄마들과 소통하며
함께 성장할 수 있는
엄마표 학습단입니다.

큐챌린지 이런 점이 좋아요

계획적인
학습

학습고민
나눔

동기부여

학습 혜택

엄마표 학습, 큐브로 시작!

큐챌린지

수학은 큐브

학습 태도 변화

습관
형성

성취감

자신감

학습단 참여 후 우리 아이는
"꾸준히 학습하는 습관이 잡혔어요."
"성취감이 높아졌어요."
"수학에 자신감이 생겼어요."

학습 지속률

10명 중 8.3명

학습 스케줄

매일 4쪽씩 학습!

주 5회 매일 4쪽	39%
주 5회 매일 2쪽	15%
1주에 한 단원 끝내기	17%
기타(개별 진도 등)	29%

6주 학습
완주자 →

완주
83%

만족
98%

← 학습단 참여
만족도

학습 참여자 2명 중 1명은

6주 간 1권 끝!

큐브 연산

초등 수학

3·1

정답

아출판

정답

01회 (세 자리 수) + (세 자리 수) ⑴

008쪽 | 개념

1 349

2 546

3 756

4 ① 61 ② 961

5 ① 95 ② 895

6 ① 86 ② 786

7 ① 85 ② 785

8 ① 99 ② 899

009쪽 | 연습

9 ① 259 ② 378

10 ① 319 ② 578

11 ① 467 ② 959

12 ① 677 ② 889

13 ① 789 ② 878

14 ① 779 ② 968

15 ① 369 ② 473

16 ① 675 ② 884

17 ① 584 ② 752

18 ① 478 ② 988

19 ① 686 ② 967

20 ① 659 ② 958

21 ① 879 ② 998

22 ① 837 ② 978

010쪽 | 적용

23 682, 783

24 599, 796

25 578, 586

26 499, 787

27 829, 988

28 851, 748

29 <

30 >

31 >

32 =

33 <

34 <

35 >

36 =

011쪽 | 완성

37 472

38 210, 453

39 257, 110, 367

40 362, 210, 572

+문해력

41 135, 251, 386 / 386

02회 (세 자리 수) + (세 자리 수) ⑵

012쪽 | 개념

1 386

2 542

3 519

4 ① 11 ② 1 / 571

5 ① 12 ② 1 / 842

6 ① 100 ② 1 / 706

7 ① 110 ② 1 / 915

013쪽 | 연습

8 ① 273 ② 464

9 ① 370 ② 644

10 ① 551 ② 893

11 ① 636 ② 848

12 ① 823 ② 957

13 ① 819 ② 928

14 ① 462 ② 585

15 ① 690 ② 884

16 ① 583 ② 860

17 ① 898 ② 931

18 ① 739 ② 843

19 ① 705 ② 923

20 ① 807 ② 939

21 ① 864 ② 979

014쪽 | 적용

※ 22 ~ 26은 위에서부터 채점하세요.

22 819, 695

23 993, 807

24 963, 917

25 351, 616

26 981, 828

27 (○)(   )

28 (   )(○)

29 (○)(   )

30 (○)(   )

31 (○)(   )

32 (○)(   )

33 (   )(○)

1단원

015쪽 | 완성

34

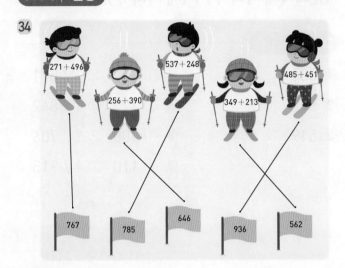

+문해력

35 316, 108, 424 / 424

03회 (세 자리 수) + (세 자리 수) (3)

016쪽 | 개념

1 433

2 661

3 ① 1 / 122 ② 1, 1 / 322

4 ① 1 / 145 ② 1, 1 / 645

5 ① 1 / 147 ② 1, 1 / 1147

6 ① 1 / 170 ② 1, 1 / 1770

017쪽 | 연습

7 ① 324 ② 313
8 ① 632 ② 851
9 ① 620 ② 708
10 ① 1063 ② 1375
11 ① 1215 ② 1442
12 ① 1411 ② 1522

13 ① 343 ② 661
14 ① 654 ② 705
15 ① 630 ② 802
16 ① 850 ② 943
17 ① 1030 ② 1503
18 ① 1020 ② 1341
19 ① 1211 ② 1644
20 ① 1510 ② 1721

018쪽 | 적용

21 481, 772
22 825, 933
23 955, 1373
24 1231, 1523
25 1640, 1835

26 ㉡
27 ㉠
28 ㉠
29 ㉠
30 ㉡
31 ㉡
32 ㉠

019쪽 | 완성

33

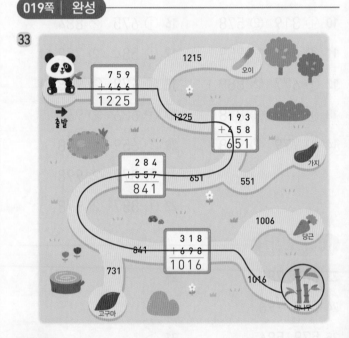

+문해력

34 587, 575, 1162 / 1162

04회 (세 자리 수) - (세 자리 수) (1)

020쪽 | 개념

1 336

2 543

3 533

4 ① 41 ② 241

5 ① 26 ② 126

6 ① 28 ② 228

7 ① 24 ② 724

8 ① 13 ② 713

021쪽 | 연습

9 ① 176 ② 124
10 ① 21 ② 3
11 ① 306 ② 51
12 ① 344 ② 231
13 ① 311 ② 202
14 ① 426 ② 134

15 ① 411 ② 550
16 ① 154 ② 513
17 ① 161 ② 473
18 ① 31 ② 433
19 ① 125 ② 464
20 ① 43 ② 200
21 ① 52 ② 143
22 ① 115 ② 203

022쪽 | 적용

23 313, 402
24 611, 321
25 223, 335
26 631, 220
27 251, 323
28 406, 354

29 >
30 <
31 >
32 <
33 <
34 >
35 <
36 >

023쪽 | 완성

37

985−664
649−214
789−258
858−327
453−132

39

677−142
976−251
567−146
734−313
899−174

38

976−345
862−231
779−156
855−231
749−125

40

867−435
898−382
957−441
789−253
556−124

+문해력
41 357, 245, 112 / 112

05회 (세 자리 수) - (세 자리 수) (2)

024쪽 | 개념

1 219
2 235
3 324
4 ① 8, 10 / 28 ② 8, 10 / 328
5 ① 7, 10 / 6 ② 7, 10 / 306
6 ① 5, 10 / 47 ② 5, 10 / 471
7 ① 7, 10 / 23 ② 7, 10 / 231

025쪽 | 연습

8 ① 245 ② 238
9 ① 306 ② 282
10 ① 428 ② 295
11 ① 415 ② 182
12 ① 492 ② 358
13 ① 593 ② 437

14 ① 91 ② 427
15 ① 428 ② 453
16 ① 72 ② 407
17 ① 294 ② 517
18 ① 125 ② 291
19 ① 239 ② 395
20 ① 55 ② 308
21 ① 137 ② 268

026쪽 | 적용

※ 22 ~ 26은 위에서부터 채점하세요.

22 438, 584
23 482, 256
24 216, 472
25 348, 194
26 619, 280

27 ( ) (○)
28 (○) ( )
29 ( ) (○)
30 (○) ( )
31 (○) ( )
32 ( ) (○)
33 (○) ( )

027쪽 | 완성

34 63

35 455, 236, 219

36 455, 181, 274

37 392, 236, 156

38 392, 127, 265

39 236, 181, 55

+문해력

40 978, 182, 796 / 796

06회 (세 자리 수) - (세 자리 수) (3)

028쪽 | 개념

1 137

2 288

3 175

4 ① 3, 10 / 180   ② 3, 12, 10 / 179

5 ① 4, 10 / 350   ② 4, 11, 10 / 349

6 ① 5, 10 / 360   ② 5, 13, 10 / 357

7 ① 7, 10 / 270   ② 7, 12, 10 / 267

029쪽 | 연습

8 ① 95   ② 77

9 ① 269   ② 115

10 ① 289   ② 195

11 ① 334   ② 116

12 ① 574   ② 393

13 ① 594   ② 257

14 ① 367   ② 486

15 ① 57   ② 588

16 ① 73   ② 258

17 ① 138   ② 349

18 ① 156   ② 467

19 ① 167   ② 478

20 ① 119   ② 328

21 ① 89   ② 168

030쪽 | 적용

22 574, 289

23 243, 77

24 263, 75

25 475, 278

26 267, 88

27 757, 189

28 ㉠

29 ㉡

30 ㉡

31 ㉠

32 ㉡

33 ㉡

34 ㉠

031쪽 | 완성

35
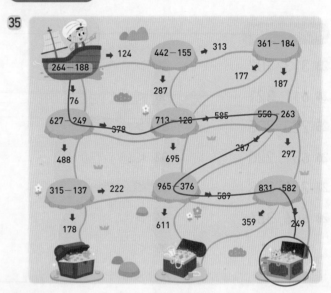

+문해력

36 354, 168, 186 / 186

07회 평가 A

032쪽

1 ① 846   ② 967

2 ① 725   ② 862

3 ① 843   ② 919

4 ① 632   ② 961

5 ① 710   ② 933

6 ① 1224   ② 1551

7 ① 1315   ② 1803

8 ① 567   ② 895

9 ① 678   ② 780

10 ① 739   ② 948

11 ① 620   ② 942

12 ① 841   ② 960

13 ① 1303   ② 1122

14 ① 1124   ② 1543

15 ① 1461   ② 1723

033쪽

16 ① 334 ② 212	**23** ① 143 ② 215
17 ① 612 ② 323	**24** ① 204 ② 423
18 ① 182 ② 206	**25** ① 318 ② 493
19 ① 473 ② 307	**26** ① 274 ② 508
20 ① 334 ② 169	**27** ① 85 ② 328
21 ① 648 ② 569	**28** ① 28 ② 275
22 ① 578 ② 356	**29** ① 252 ② 485
	30 ① 143 ② 372

08회 평가 B

034쪽

※ **6**~**10**은 위에서부터 채점하세요.

1 389, 678	**6** 413, 224
2 355, 570	**7** 192, 338
3 679, 734	**8** 307, 428
4 640, 732	**9** 417, 568
5 1424, 1611	**10** 455, 239

035쪽

11 <	**19** ㉠
12 <	**20** ㉡
13 >	**21** ㉠
14 =	**22** ㉠
15 <	**23** ㉠
16 =	**24** ㉡
17 >	**25** ㉡
18 <	

09회 선분, 직선, 반직선

038쪽 | 개념

1 (□)( )(△)	**6** 선분
2 ( )(○)(□)	**7** 반직선
3 (○)(△)( )	**8** 반직선
4 (□)( )(△)	**9** 직선
5 (○)(△)( )	**10** 선분

039쪽 | 연습

11 직선 ㄷㄹ(직선 ㄹㄷ)

12 반직선 ㅂㅁ

13 선분 ㅅㅇ(선분 ㅇㅅ)

14 반직선 ㄹㄷ

15 선분 ㅁㅂ(선분 ㅂㅁ)

16 직선 ㅅㅇ(직선 ㅇㅅ)

17 ①

18 ① 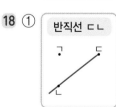 ②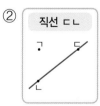

19 ① ②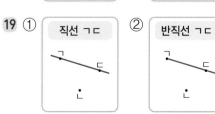

20 ①  ②

21 ① 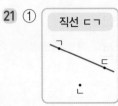 ②

041쪽 | 완성

30
31
32

+문해력
33 다른, 같은 / 은서

040쪽 | 적용

22 2개, 1개, 2개

23 1개, 2개, 2개

24 2개, 2개, 2개

25 2개, 1개, 3개

26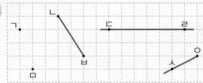

27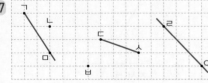

28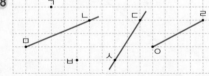

29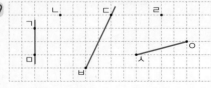

10회 각, 직각

042쪽 | 개념

1 (○)(   )(   )

2 (   )(○)(   )

3 (   )(○)(   )

4 (   )(   )(○)

5 (   )(○)(   )

6

7

8

9

10

043쪽 | 연습

11 각 ㄱㄴㄷ(각 ㄷㄴㄱ)

12 각 ㄹㅁㅂ(각 ㅂㅁㄹ)

13 각 ㅅㅇㅈ(각 ㅈㅇㅅ)

14 각 ㄱㄴㄷ(각 ㄷㄴㄱ)

15 각 ㄹㅁㅂ(각 ㅂㅁㄹ)

16 각 ㅅㅇㅈ(각 ㅈㅇㅅ)

17 각 ㄱㄷㄴ(각 ㄴㄷㄱ)

18 각 ㄱㄴㄹ(각 ㄹㄴㄱ)

19 각 ㄱㄹㄷ(각 ㄷㄹㄱ)

20 각 ㄷㄹㅁ(각 ㅁㄹㄷ)

21 각 ㄷㅁㅂ(각 ㅂㅁㄷ)

22 각 ㄷㄹㅁ(각 ㅁㄹㄷ)

28 ① 1 ② 1

29 ① 4 ② 4

30 ① 2 ② 1

31 ① 2 ② 1

32 ① 4 ② 2

33 ① 2 ② 3

044쪽 | 적용

23
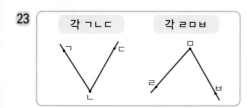
각 ㄱㄴㄷ   각 ㄹㅁㅂ

24
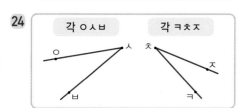
각 ㅇㅅㅂ   각 ㅋㅊㅈ

25
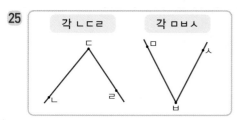
각 ㄴㄷㄹ   각 ㅁㅂㅅ

26
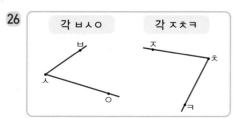
각 ㅂㅅㅇ   각 ㅈㅊㅋ

27
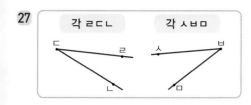
각 ㄹㄷㄴ   각 ㅅㅂㅁ

045쪽 | 완성

34 ㄹ   36 ㄱ

35 ㄷ   37 ㄴ

+문해력

38 2, 1 / 가

11회 직각삼각형, 직사각형, 정사각형

046쪽 | 개념

1 (○)(   )   5 (○)(   )

2 (   )(○)   6 (   )(○)

3 (○)(   )   7 (○)(   )

4 (   )(○)   8 (   )(○)

2. 평면도형

9 나　　　　14 가

10 가　　　　15 다

11 다　　　　16 나

12 나　　　　17 나

13 다　　　　18 다

　　　　　　19 가

20 5

21 4

22 3, 3

23 9, 9

24 7, 7, 7

25 10, 10, 10

26 예

27 예

28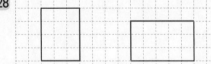

29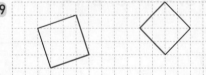

30 예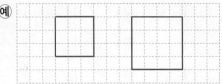

31

32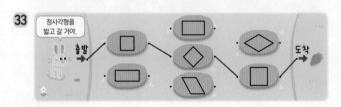

33

+문해력

34 나, 라 / 2

12회 평가 A

1 직선 ㄱㄴ(직선 ㄴㄱ)

2 반직선 ㄹㄷ

3 선분 ㅁㅂ(선분 ㅂㅁ)

4 반직선 ㅅㅇ

5 각 ㄱㄴㄷ(각 ㄷㄴㄱ)

6 각 ㄹㅁㅂ(각 ㅂㅁㄹ)

7 각 ㅅㅇㅈ(각 ㅈㅇㅅ)

8

9 ①

②

10 ①
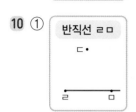

②

11 ①
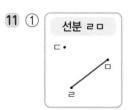

②

12 ①

②

051쪽

13 각 ㄱㄴㄷ(각 ㄷㄴㄱ)   **19** 다

14 각 ㄱㄴㄹ(각 ㄹㄴㄱ)   **20** 나

15 각 ㄱㄴㄷ(각 ㄷㄴㄱ)   **21** 가

16 각 ㄱㄷㄹ(각 ㄹㄷㄱ)   **22** 가

17 각 ㄴㄱㄷ(각 ㄷㄱㄴ)   **23** 다

18 각 ㄴㄷㄹ(각 ㄹㄷㄴ)   **24** 나

13회 평가 B

052쪽

1 1개, 1개, 2개   **5** ① 2 ② 1

2 2개, 1개, 2개   **6** ① 2 ② 3

3 1개, 2개, 1개   **7** ① 3 ② 2

4 2개, 1개, 1개   **8** ① 2 ② 1

                  9 ① 1 ② 2

                  10 ① 2 ② 2

053쪽

11 5

12 7

13 6, 6

14 8, 8

15 13, 13, 13

16 11, 11, 11

17 예
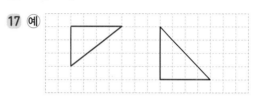

18 예
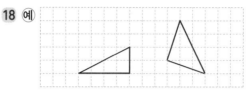

19
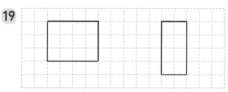

20
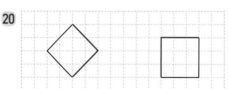

21 예
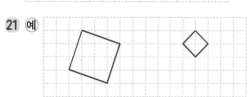

14회 똑같이 나누기 (1)

1 5

2 2

3 3

4 2, 8

5 3, 5

6 5, 6

7 8, 5

8 9, 3

9 4

10 3

11 3

12 7

13 / 4

14 / 3

15 / 5

16 / 3

17 | $24 \div 4 = 6$ | $24 \div 6 = 4$ |

18 | $27 \div 3 = 9$ | $27 \div 9 = 3$ |

19 | $30 \div 5 = 6$ | $30 \div 6 = 5$ |

20 | $45 \div 5 = 9$ | $45 \div 9 = 5$ |

21 | $56 \div 7 = 8$ | $56 \div 8 = 7$ |

22 3, 2

23 7, 2

24 8, 6

25 6, 4

26 9

27 8, 7

28 48, 8, 6

29 20, 5, 4

+문해력

30 28, 7, 4 / 4

15회 똑같이 나누기 (2)

1 3

2 4

3 7

4 2, 2, 2, 2 / 4

5 8, 8 / 2

6 5, 5, 5, 5 / 4

7 9, 9, 9 / 3

061쪽 | 연습

8 8

9 8, 3

10 5, 6

11 6, 7

12 7, 8

13 9, 5

14 예 / 5

15 예 / 5

16 예 / 5

17 예 / 4

062쪽 | 적용

18 / 2

19 / 4

20 / 2

21 / 7

22 / 3

23 / 5

24 $10-2-2-2-2-2=0$
$10-5-5=0$

25 $28-7-7-7-7=0$
$28-4-4-4-4-4-4-4=0$

26 $40-5-5-5-5-5-5-5-5=0$
$40-8-8-8-8-8=0$

27 $12-4-4-4=0$
$12-3-3-3-3=0$

28 $48-6-6-6-6-6-6-6-6=0$
$48-8-8-8-8-8-8=0$

29 $42-7-7-7-7-7-7=0$
$42-6-6-6-6-6-6-6=0$

063쪽 | 완성

30 6, 3

31 24, 3, 8

32 14, 2, 7

33 12, 4, 3

+문해력

34 32, 4, 8 / 8

16회 곱셈과 나눗셈의 관계

064쪽 | 개념

1 2 / 2

2 5 / 5

3 3 / 3

4 8 / 8

5 3 / 5

6 2 / 9

7 2 / 8

8 4 / 6

9 $42 \div 6 = 7$ / $42 \div 7 = 6$

10 $72 \div 9 = 8$ / $72 \div 8 = 9$

11 $14 \div 7 = 2$ / $14 \div 2 = 7$

12 $40 \div 5 = 8$ / $40 \div 8 = 5$

13 $54 \div 6 = 9$ / $54 \div 9 = 6$

14 $32 \div 8 = 4$ / $32 \div 4 = 8$

15 $28 \div 4 = 7$ / $28 \div 7 = 4$

16 $4 \times 3 = 12$ / $3 \times 4 = 12$

17 $6 \times 8 = 48$ / $8 \times 6 = 48$

18 $5 \times 7 = 35$ / $7 \times 5 = 35$

19 $7 \times 9 = 63$ / $9 \times 7 = 63$

20 $9 \times 3 = 27$ / $3 \times 9 = 27$

21 $8 \times 7 = 56$ / $7 \times 8 = 56$

22 $5 \times 6 = 30$ / $6 \times 5 = 30$

23

24

25

26

27

28 $8 \times 4 = 32$, $4 \times 8 = 32$ /
$32 \div 8 = 4$, $32 \div 4 = 8$

29 $6 \times 3 = 18$, $3 \times 6 = 18$ /
$18 \div 6 = 3$, $18 \div 3 = 6$

30 $9 \times 4 = 36$, $4 \times 9 = 36$ /
$36 \div 9 = 4$, $36 \div 4 = 9$

31 $7 \times 2 = 14$, $2 \times 7 = 14$ /
$14 \div 7 = 2$, $14 \div 2 = 7$

32 4 ⋅⋅⋅ 3
33 3 ⋅⋅⋅ 5
34 5 ⋅⋅⋅ 6

+문해력
35 8, 3, 24 / 24, 3, 24, 3 /
3, 24 / 24, 3, 24, 3

17회 나눗셈의 몫을 곱셈으로 구하기

1 4 / 4

2 5 / 5

3 8 / 8

4 [| | ○]

5 [○ | |]

6 [| ○ |]

7 [○ | |]

069쪽 | 연습

8 2, 2

9 5, 5

10 6, 6

11 2, 2

12 5, 5

13 3, 3

14 6, 6

15 3, 3

16 ① 4 ② 6

17 ① 5 ② 9

18 ① 7 ② 8

19 ① 6 ② 9

20 ① 3 ② 7

21 ① 4 ② 8

22 ① 4 ② 6

23 ① 4 ② 8

070쪽 | 적용

24 4, 8, 9

25 4, 5, 6

26 2, 3, 8

27 3, 5, 8

28 2, 6, 7

29 3, 4, 5

30 2, 3, 4

31 <

32 =

33 >

34 <

35 <

36 <

37 >

38 >

071쪽 | 완성

39
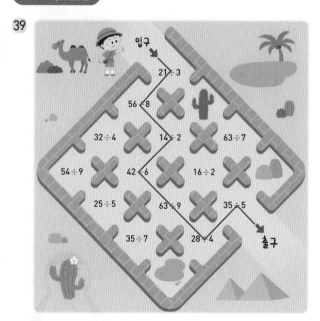

+문해력

40 48, 8, 6 / 6

18회 평가 A

072쪽

1  / 7

2  / 7

3 / 8

4 / 6

5 예 / 4

6 예 / 7

7 예 / 4

8 예 / 4

073쪽

9 18÷2=9 / 18÷9=2

10 20÷4=5 / 20÷5=4

11 45÷5=9 / 45÷9=5

12 28÷7=4 / 28÷4=7

13 7×3=21 / 3×7=21

14 6×7=42 / 7×6=42

15 18×9=72 / 9×8=72

3 단원

16 ① 5 ② 8

17 ① 3 ② 6

18 ① 4 ② 9

19 ① 5 ② 7

20 ① 2 ② 8

21 ① 2 ② 9

22 ① 2 ② 5

23 ① 3 ② 6

19회 평가 B

074쪽

1 4, 2

2 8, 2

3 5, 4

4 9, 6

5
$6-2-2-2=0$
$6-3-3=0$

6
$12-4-4-4=0$
$12-3-3-3-3=0$

7
$24-3-3-3-3-3-3-3-3=0$
$24-8-8-8=0$

8
$30-5-5-5-5-5-5=0$
$30-6-6-6-6-6=0$

9
$14-2-2-2-2-2-2-2=0$
$14-7-7=0$

10
$45-5-5-5-5-5-5-5-5-5=0$
$45-9-9-9-9-9=0$

075쪽

11 $6 \times 2 = 12$, $2 \times 6 = 12$ /
$12 \div 6 = 2$, $12 \div 2 = 6$

12 $5 \times 3 = 15$, $3 \times 5 = 15$ /
$15 \div 5 = 3$, $15 \div 3 = 5$

13 $9 \times 3 = 27$, $3 \times 9 = 27$ /
$27 \div 9 = 3$, $27 \div 3 = 9$

14 $7 \times 5 = 35$, $5 \times 7 = 35$ /
$35 \div 7 = 5$, $35 \div 5 = 7$

15 >

16 <

17 <

18 >

19 >

20 <

21 =

22 >

20회 (두 자리 수) × (한 자리 수) (1)

078쪽 | 개념

1 80

2 60

3 80, 4 / 84

4 90, 6 / 96

5 ① 50 ② 55

6 ① 80 ② 84

7 ① 40 ② 42

8 ① 60 ② 68

9 ① 70 ② 77

079쪽 | 연습

10 ① 80 ② 90

11 ① 66 ② 99

12 ① 24 ② 48

13 ① 44 ② 66

14 ① 46 ② 69

15 ① 62 ② 93

16 ① 30 ② 90

17 ① 40 ② 80

18 ① 22 ② 28

19 ① 26 ② 88

20 ① 64 ② 82

21 ① 33 ② 63

22 ① 36 ② 99

23 ① 44 ② 88

080쪽 | 적용

※ **24** ~ **28**은 위에서부터 채점하세요.

24 20, 40

25 60, 40

26 44, 88

27 24, 36

28 66, 99

29 ( )(○)

30 (○)( )

31 (○)( )

32 ( )(○)

33 (○)( )

34 ( )(○)

35 ( )(○)

081쪽 | 완성

36 28

37 68

38 84

39 26

40 88

41 63

+문해력

42 32, 3, 96 / 96

21회 (두 자리 수) × (한 자리 수) (2)

082쪽 | 개념

1 160, 8 / 168

2 150, 9 / 159

3 120, 2 / 122

4 ① 6, 120, 126
② 128

5 ① 7, 350, 357
② 182

6 ① 9, 180, 189
② 205

7 ① 8, 160, 168
② 288

083쪽 | 연습

8 ① 155 ② 248

9 ① 123 ② 164

10 ① 104 ② 156

11 ① 213 ② 497

12 ① 164 ② 328

13 ① 186 ② 279

14 ① 106 ② 162

15 ① 166 ② 184

16 ① 129 ② 216

17 ① 186 ② 243

18 ① 219 ② 246

19 ① 208 ② 244

20 ① 186 ② 246

21 ① 189 ② 459

4단원

084쪽 | 적용

22 287, 108
23 124, 355
24 204, 549
25 249, 728
26 217, 486
27 144, 368

28
29
30
31
32

085쪽 | 완성

33

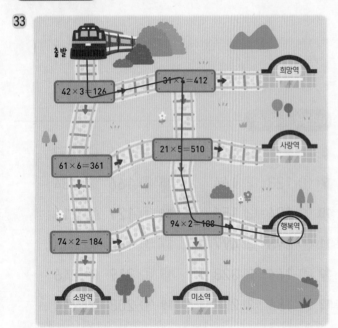

+문해력

34 21, 8, 168 / 168

22회 (두 자리 수) × (한 자리 수) ⑶

086쪽 | 개념

1 30, 15 / 45
2 60, 21 / 81
3 60, 12 / 72

4 ① 2 / 60 ② 1 / 34
5 ① 1 / 36 ② 2 / 84
6 ① 1 / 75 ② 1 / 76
7 ① 1 / 70 ② 1 / 94
8 ① 1 / 78 ② 1 / 90

087쪽 | 연습

9 ① 84 ② 98
10 ① 80 ② 96
11 ① 68 ② 85
12 ① 38 ② 57
13 ① 52 ② 78
14 ① 58 ② 87

15 ① 30 ② 54
16 ① 32 ② 96
17 ① 50 ② 74
18 ① 42 ② 48
19 ① 51 ② 54
20 ① 52 ② 92
21 ① 60 ② 70
22 ① 75 ② 90

088쪽 | 적용

23 72, 90
24 57, 78
25 76, 98
26 76, 92
27 65, 80
28 84, 91

29 <
30 >
31 =
32 >
33 >
34 <
35 >
36 <

089쪽 | 완성

37 38 39 40 41

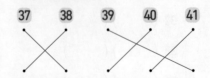

+문해력

42 12, 7, 84 / 84

23회 (두 자리 수) × (한 자리 수) (4)

090쪽 | 개념

1 120, 20 / 140

2 120, 12 / 132

3 100, 12 / 112

4 ① 3 / 130
   ② 2 / 147

5 ① 3 / 116
   ② 3 / 245

6 ① 5 / 296
   ② 3 / 570

7 ① 1 / 364
   ② 2 / 444

8 ① 4 / 348
   ② 1 / 252

091쪽 | 연습

9 ① 144 ② 216

10 ① 190 ② 304

11 ① 414 ② 230

12 ① 212 ② 371

13 ① 476 ② 544

14 ① 292 ② 511

15 ① 116 ② 158

16 ① 165 ② 192

17 ① 156 ② 260

18 ① 135 ② 185

19 ① 312 ② 372

20 ① 196 ② 238

21 ① 112 ② 176

22 ① 387 ② 477

092쪽 | 적용

23 150, 175

24 148, 333

25 416, 468

26 240, 432

27 432, 576

28 392, 882

29 ㉡

30 ㉡

31 ㉠

32 ㉡

33 ㉠

34 ㉠

35 ㉡

093쪽 | 완성

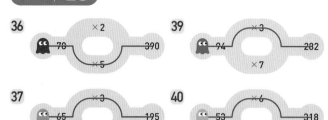

36 ×2 70 → 390 / ×5

39 ×3 94 → 282 / ×7

37 ×3 65 → 195 / ×4

40 ×6 53 → 318 / ×8

38 ×6 27 → 162 / ×7

41 ×7 82 → 738 / ×9

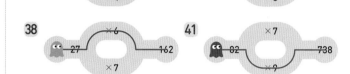

+문해력

42 26, 6, 156 / 156

24회 평가 A

094쪽

1 ① 40 ② 80

2 ① 55 ② 88

3 ① 64 ② 96

4 ① 126 ② 189

5 ① 287 ② 369

6 ① 276 ② 368

7 ① 305 ② 488

8 ① 42 ② 84

9 ① 76 ② 95

10 ① 72 ② 96

11 ① 105 ② 280

12 ① 188 ② 282

13 ① 168 ② 280

14 ① 623 ② 801

095쪽

15 ① 60 ② 90

16 ① 20 ② 80

17 ① 48 ② 84

18 ① 33 ② 69

19 ① 255 ② 405

20 ① 104 ② 164

21 ① 183 ② 279

22 ① 124 ② 288

23 ① 34 ② 76

24 ① 56 ② 98

25 ① 45 ② 78

26 ① 64 ② 72

27 ① 310 ② 385

28 ① 168 ② 564

29 ① 301 ② 378

30 ① 264 ② 688

4단원

25회 평가 B

096쪽

1 68
2 637
3 38
4 87
5 378
6 198

7 <
8 <
9 <
10 >
11 >
12 <
13 >
14 >

097쪽

15
16
17
18
19

20 ㉡
21 ㉠
22 ㉡
23 ㉠
24 ㉠
25 ㉡
26 ㉡

26회 mm 단위

100쪽 | 개념

1 3, 2
2 4, 6
3 5, 7
4 6, 3

5 40, 47
6 70, 76
7 20, 2, 9
8 80, 8, 1
9 300, 30, 4

101쪽 | 연습

10 4, 8, 48
11 3, 6, 36
12 7, 2, 72
13 5, 1, 51
14 6, 4, 64

15 ① 20   ② 30
16 ① 52   ② 97
17 ① 408   ② 605
18 ① 6, 3   ② 8, 6
19 ① 12   ② 70
20 ① 23, 5 ② 54, 1
21 ① 82, 9 ② 90, 3

102쪽 | 적용

22
23
24
25
26
27
28

29 <

30 >

31 >

32 <

33 >

34 <

35 >

36 <

27회 cm와 mm 단위에서 덧셈과 뺄셈

104쪽 | 개념

1 6, 5

2 7, 8

3 1 / 4, 4

4 1 / 8, 3

5 1 / 7, 5

6 4, 7

7 5, 1

8 6, 10 / 2, 7

9 7, 10 / 4, 5

10 8, 10 / 1, 5

105쪽 | 연습

11 ① 7 cm 9 mm
　 ② 5 cm 1 mm

12 ① 5 cm 9 mm
　 ② 8 cm

13 ① 11 cm 8 mm
　 ② 14 cm 2 mm

14 ① 3 cm 4 mm
　 ② 3 cm 9 mm

15 ① 2 cm 2 mm
　 ② 4 cm 9 mm

16 ① 5 cm 2 mm
　 ② 2 cm 8 mm

17 ① 8 cm 7 mm
　 ② 6 cm 3 mm

18 ① 7 cm 9 mm
　 ② 13 cm

19 ① 13 cm 9 mm
　 ② 25 cm 2 mm

20 ① 5 cm
　 ② 2 cm 7 mm

21 ① 4 cm 2 mm
　 ② 5 cm 7 mm

22 ① 6 cm 4 mm
　 ② 3 cm 9 mm

23 ① 10 cm 5 mm
　 ② 6 cm 9 mm

103쪽 | 완성

37
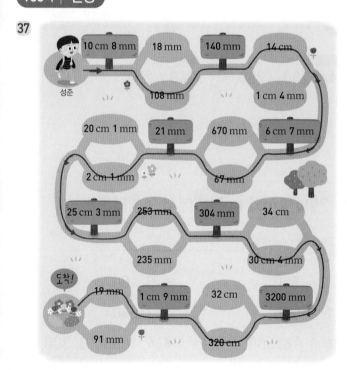

106쪽 | 적용

24 5 cm 9 mm

25 9 cm 3 mm

26 16 cm 7 mm

27 3 cm 2 mm

28 7 cm 3 mm

29 4 cm 7 mm

30 12, 8

31 10, 5

32 16, 1

33 7, 1

34 6, 5

35 7, 6

+문해력
38 408, 430, >, 408 / 현우

5. 길이와 시간

107쪽 | 완성

36

	4 cm 1 mm − 2 cm 3 mm 2 cm 2 mm	5 cm 8 mm + 2 cm 4 mm 7 cm 2 mm

5 cm 7 mm
− 1 cm 6 mm
4 cm 1 mm   7 cm 4 mm
− 5 cm 9 mm
1 cm 5 mm   6 cm 6 mm
+ 1 cm 8 mm
8 cm 4 mm

1 cm 2 mm
+ 8 cm 9 mm
9 cm 1 mm   6 cm 5 mm
− 3 cm 6 mm
3 cm 1 mm   5 cm 3 mm
+ 1 cm 2 mm
6 cm 5 mm

도토리   물고기   산딸기

+문해력

37 15, 3, 13, 6 / 1, 7 / 1, 7

28회 km 단위

108쪽 | 개념

1 1, 720

2 3, 105

3 4, 950

4 5, 80

5 8, 150

6 2000, 2500

7 6000, 6800

8 3000, 3, 100

9 5000, 5, 600

10 7000, 7, 900

109쪽 | 연습

11 2, 600

12 3, 300

13 4, 500

14 6, 400

15 7, 800

16 8, 700

17 ① 2000 ② 5000

18 ① 4010 ② 9070

19 ① 6450 ② 7140

20 ① 3 ② 9

21 ① 3, 70 ② 8, 30

22 ① 5, 200 ② 6, 600

23 ① 8, 410 ② 9, 720

110쪽 | 적용

24 ✕

25 ✕

26 ✕

27 ✕

28 ✕

29 <

30 >

31 >

32 >

33 >

34 <

35 >

36 <

111쪽 | 완성

37 ☐ ✓

38 ✓ ☐

39 ✓ ☐

40 ✓ ☐

41 ✓ ☐

42 ☐ ✓

+문해력

43 4250, 4250, <, 5040 / 은행

29회 km와 m 단위에서 덧셈과 뺄셈

112쪽 | 개념

1 6, 500

2 8, 900

3 1 / 6, 500

4 1 / 6, 300

5 1 / 9, 100

6 5, 400

7 3, 520

8 4, 1000 / 3, 800

9 5, 1000 / 1, 900

10 8, 1000 / 3, 590

113쪽 | 연습

11 ① 4 km 900 m
② 6 km 500 m

12 ① 8 km 700 m
② 11 km 220 m

13 ① 11 km 810 m
② 9 km

14 ① 2 km 100 m
② 1 km 700 m

15 ① 4 km 130 m
② 3 km 400 m

16 ① 5 km
② 4 km 630 m

17 ① 8 km 870 m
② 9 km 420 m

18 ① 11 km 870 m
② 16 km 400 m

19 ① 12 km 650 m
② 14 km

20 ① 3 km 400 m
② 1 km 800 m

21 ① 5 km 110 m
② 3 km 650 m

22 ① 6 km
② 2 km 650 m

23 ① 5 km 50 m
② 6 km 770 m

114쪽 | 적용

24 4 km 850 m, 8 km 70 m

25 11 km 680 m, 15 km 120 m

26 5 km 860 m, 8 km 110 m

27 2 km 120 m, 4 km 860 m

28 2 km 170 m, 3 km 940 m

29 3 km 710 m, 3 km 790 m

30 6, 510

31 4, 680

32 6, 230

33 1, 770

34 2, 807

35 4, 165

36 2, 920

115쪽 | 완성

37 9 km 290 m

38 4 km 300 m

39 12 km 790 m

40 6 km 810 m

+문해력

41 5, 450, 6, 710 / 12, 160 / 12, 160

30회 몇 시 몇 분 몇 초

116쪽 | 개념

1 40

2 12

3 49

4 27

5 60, 120

6 420, 455

7 540, 590

8 60, 3

9 300, 5, 40

117쪽 | 연습

10 1, 15, 6

11 4, 24, 17

12 5, 40, 32

13 8, 27, 54

14 11, 5, 23

15 ① 90 ② 110

16 ① 195 ② 220

17 ① 430 ② 445

18 ① 510 ② 530

19 ① 4, 15 ② 4, 30

20 ① 6, 25 ② 6, 40

21 ① 9, 5 ② 9, 25

118쪽 | 적용

22

23

24

25

26

27

28 ㉡, ㉢, ㉠

29 ㉠, ㉢, ㉡

30 ㉢, ㉡, ㉠

31 ㉡, ㉠, ㉢

32 ㉢, ㉡, ㉠

33 ㉡, ㉢, ㉠

119쪽 | 완성

34 150초

35 290초

36 310초

37 560초

+문해력

38 464, 464, >, 458 / 진호

31회 시간의 덧셈 (1)

120쪽 | 개념

1 4, 32, 50

2 3, 28, 50

3 9, 46, 40

4 11, 58, 40

5 4, 30

6 8, 45

7 9, 46

8 3, 56

9 9, 48

121쪽 | 연습

10 37분 40초

11 52분 48초

12 3시 49분

13 9시 34분

14 8시간 55분

15 6시간 51분

16 1시 51분 34초

17 6시 35분 51초

18 7시 52분 43초

19 10시 41분 30초

20 9시 31분 56초

21 5시간 35분 47초

22 7시간 41분 39초

122쪽 | 적용

23 6분 46초

24 6시 53분

25 4시간 52분

26 7시 43분 21초

27 3시 53분 31초

28 9시간 33분 44초

29 (　)(○)

30 (　)(○)

31 (○)(　)

32 (○)(　)

33 (　)(○)

34 (　)(○)

123쪽 | 완성

35 12, 35, 50

36 3, 53, 15

37 4, 58, 35

38 6, 59, 33

+문해력

39 12, 20, 7, 15 / 12, 27, 15 / 12, 27, 15

126쪽 | 적용

22 52분 7초

23 11시 21분

24 6시 8분 13초

25 4시 25분 48초

26 5시간 13분 59초

27 2시 39분 22초

28 6시 10분 53초

29 9시 12분 10초

30 4시 46분 25초

31 6시 23분 33초

32 8시 26분 1초

33 10시 38분 16초

5단원

32회 시간의 덧셈 (2)

124쪽 | 개념

1 1 / 49, 15

2 1 / 35, 30

3 1 / 32, 10

4 1 / 51, 10

5 1 / 6, 13

6 1 / 9, 32

7 1 / 5, 12

8 1 / 7, 16

127쪽 | 완성

34 11, 40, 46

35 11, 37, 20

36 11, 43, 10

37 11, 35, 7

+문해력

38 1, 47, 35, 1, 52, 40 / 3, 40, 15 / 3, 40, 15

125쪽 | 연습

9 51분 1초

10 46분 15초

11 3시 5분

12 9시 19분

13 5시간 18분

14 7시간 7분

15 4시 51분 12초

16 2시 30분 52초

17 8시 6분 11초

18 3시 38분 12초

19 10시 16분 15초

20 8시간 3분 57초

21 9시간 9분 19초

33회 시간의 뺄셈 (1)

128쪽 | 개념

1 3, 16, 20

2 8, 52, 20

3 2, 57, 10

4 7, 43, 10

5 2, 16

6 2, 10

7 2, 17

8 8, 35

9 4, 39

129쪽 | 연습

10 18분 26초

11 15분 19초

12 2시 11분

13 1시 25분

14 4시간 11분

15 3시간 8분

16 1시 11분 21초

17 6시 17분 15초

18 3시 28분 18초

19 5시 31분 11초

20 3시 10분 25초

21 7시간 13분 15초

22 4시간 18분 27초

130쪽 | 적용

23 15분 7초

24 4시 37분

25 5시 18분 8초

26 6시 13분 16초

27 6시간 15분 2초

28 5시간 37분 10초

29 (   ) (○)

30 (○) (   )

31 (   ) (○)

32 (○) (   )

33 (   ) (○)

34 (   ) (○)

131쪽 | 완성

35 ⟋ · 2, 3

36 ⤬ · 1, 41

37 · · · 1, 9

+문해력

38 5, 31, 25, 3, 26, 8 / 2, 5, 17 / 2, 5, 17

34회 시간의 뺄셈 (2)

132쪽 | 개념

1 30, 60 / 17, 38

2 52, 60 / 25, 42

3 41, 60 / 21, 50

4 54, 60 / 37, 43

5 1, 60 / 1, 54

6 8, 60 / 6, 39

7 2, 60 / 1, 46

8 5, 60 / 1, 44

133쪽 | 연습

9 28분 25초

10 21분 29초

11 3시 33분

12 2시 47분

13 2시간 35분

14 4시간 28분

15 2시 41분 33초

16 2시 39분 32초

17 5시 7분 21초

18 6시간 19분 56초

19 2시간 44분 34초

20 6시간 16분 18초

21 6시간 35분 15초

134쪽 | 적용

22 15분 37초

23 3시 47분

24 4시 2분 24초

25 3시 17분 18초

26 2시간 1분 51초

27 2시간 33분 47초

28 3시 2분 35초

29 11시 5분 40초

30 4시 38분 52초

31 4시 14분 18초

32 1시 35분 25초

33 3시 20분 49초

34 5시 36분 50초

35

| 38분 14초 − 3분 46초 | 11시 17분 − 10시 49분 | 4시 29분 − 2시 37분 | 42분 21초 − 12분 36초 |

| 28분 | 29분 45초 | 34분 28초 | 1시간 52분 |

+문해력

36 5, 2, 2, 56 / 2, 6 / 2, 6

35회 평가 A

136쪽

1 ① 84 ② 96
2 ① 2, 5 ② 6, 7
3 ① 70, 8 ② 90, 2
4 ① 5020 ② 7010
5 ① 6850 ② 8240
6 ① 1, 50 ② 4, 60
7 ① 5, 502 ② 6, 103

8 ① 12 cm 7 mm ② 13 cm 5 mm
9 ① 5 cm 4 mm ② 3 cm 9 mm
10 ① 5 km 970 m ② 11 km 290 m
11 ① 8 km 820 m ② 17 km 400 m
12 ① 3 km 140 m ② 3 km 910 m
13 ① 5 km 130 m ② 1 km 970 m

137쪽

14 ① 140 ② 170
15 ① 270 ② 295
16 ① 452 ② 468
17 ① 3, 39 ② 3, 50
18 ① 4, 44 ② 4, 56
19 ① 6, 10 ② 6, 45
20 ① 8, 20 ② 8, 33

21 4시 51분 45초
22 7시간 54분 9초
23 10시간 2분 26초
24 4시 14분 27초
25 4시간 7분 54초
26 2시간 39분 34초

36회 평가 B

138쪽

6 12 cm 1 mm
7 3 cm 6 mm
8 4 cm 3 mm
9 8 km 700 m
10 9 km 400 m
11 2 km 350 m

139쪽

12 ㉡, ㉠, ㉢
13 ㉠, ㉡, ㉢
14 ㉢, ㉠, ㉡
15 ㉠, ㉢, ㉡
16 ㉢, ㉡, ㉠
17 ㉡, ㉢, ㉠

18 45분 18초
19 6시 33분 57초
20 11시간 7분 13초
21 9분 10초
22 2시 51분 43초
23 2시간 14분 8초

37회 분수

1 5, 1

2 6, 4

3 7, 5

4 8, 5

5 $\dfrac{3}{4}$

6 $\dfrac{3}{6}$

7 $\dfrac{1}{3}$

8 $\dfrac{2}{6}$

9 $\dfrac{5}{9}$

10 1, $\dfrac{1}{3}$

11 2, $\dfrac{2}{5}$

12 4, $\dfrac{4}{6}$

13 $\dfrac{2}{4}$, 4분의 2

14 $\dfrac{3}{5}$, 5분의 3

15 $\dfrac{7}{8}$, 8분의 7

16 $\dfrac{5}{6}$, 6분의 5

17 $\dfrac{4}{8}$, 8분의 4

18 $\dfrac{7}{12}$, 12분의 7

19 예

20 예

21 예

22 예

23 예

24 예

25 $\dfrac{2}{5}$, $\dfrac{3}{5}$

26 $\dfrac{4}{7}$, $\dfrac{3}{7}$

27 $\dfrac{3}{8}$, $\dfrac{5}{8}$

28 $\dfrac{5}{9}$, $\dfrac{4}{9}$

29 $\dfrac{4}{10}$, $\dfrac{6}{10}$

30 $\dfrac{6}{11}$, $\dfrac{5}{11}$

31 열립니다

32 열립니다

33 열리지 않습니다

34 열리지 않습니다

35 열립니다

36 열립니다

+문해력

37 4, 3, $\dfrac{3}{4}$ / $\dfrac{3}{4}$

38회 단위분수, 단위분수의 크기 비교

146쪽 | 개념

1 $\dfrac{1}{3}$

2 $\dfrac{1}{15}$

3 $\dfrac{1}{32}$

4 $\dfrac{1}{9}$

5 $\dfrac{1}{22}$

6 $\dfrac{1}{27}$

7 <

8 >

9 >

10 <

147쪽 | 연습

11 $\dfrac{1}{6}$

12 $\dfrac{1}{9}$

13 $\dfrac{1}{7}$

14 $\dfrac{1}{6}$

15 $\dfrac{1}{8}$

16 $\dfrac{1}{12}$

17 ① < ② >

18 ① > ② <

19 ① < ② >

20 ① > ② >

21 ① > ② <

22 ① < ② <

148쪽 | 적용

23 2

24 3

25 2

26 4

27 5

28 | | | ○ |

29 | ○ | | |

30 | | | ○ |

31 | ○ | | |

32 | | ○ | |

33 | ○ | | |

34 | | | ○ |

149쪽 | 완성

35
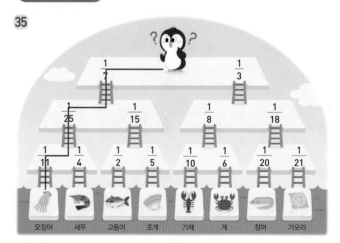

/ 오징어

+문해력

36 $\dfrac{1}{7}$, > , $\dfrac{1}{9}$ / 은서

39회 분모가 같은 분수의 크기 비교

150쪽 | 개념

1 <

2 >

3 <

4 >

5 >

6 3, 2 / >

7 2, 6 / <

8 7, 4 / >

151쪽 | 연습

9 ① > ② >

10 ① > ② <

11 ① < ② <

12 ① > ② <

13 ① > ② <

14 ① < ② >

15 ① > ② <

16 ① < ② <

17 ① < ② >

18 ① < ② <

19 ① > ② <

152쪽 | 적용

20 $\frac{2}{3}$

21 $\frac{4}{15}$

22 $\frac{5}{6}$

23 $\frac{7}{10}$

24 $\frac{4}{7}$

25 $\frac{5}{9}$

26 $\frac{7}{8}$

27 $\frac{11}{13}$

28 $\frac{2}{7}$

29 $\frac{5}{10}$

30 $\frac{1}{9}$

31 $\frac{1}{5}$

32 $\frac{4}{12}$

33 $\frac{2}{11}$

34 $\frac{3}{14}$

35 $\frac{8}{16}$

153쪽 | 완성

36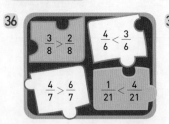

38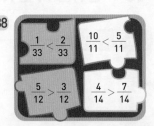

37

39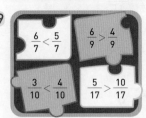

+문해력

40 $\frac{7}{20}$, < , $\frac{9}{20}$ / 수호

40회 소수

154쪽 | 개념

1 0.1

2 0.3

3 0.4

4 0.5

5 0.6

6 0.9

7 1.2

8 2.7

9 3.1

10 4.5

11 5.3

12 6.9

155쪽 | 연습

13 영 점 이, 일 점 이
14 영 점 삼, 이 점 삼
15 영 점 사, 오 점 사
16 영 점 오, 삼 점 오
17 영 점 육, 팔 점 육
18 영 점 칠, 구 점 칠
19 영 점 팔, 십일 점 팔

20 ① 0.3 ② 0.7
21 ① 0.4 ② 0.6
22 ① 0.9 ② 0.5
23 2.8
24 6.3
25 7.6

156쪽 | 적용

26 ① 2 ② 32
27 ① 4 ② 54
28 ① 6 ② 136
29 ① 8 ② 218
30 ① 0.5 ② 7.5
31 ① 0.7 ② 15.7
32 ① 0.9 ② 45.9

33 ① 0.4 ② 1.4
34 ① 0.7 ② 2.7
35 ① 5.5 ② 9.5
36 ① 1.9 ② 8.9
37 ① 10.2 ② 15.2
38 ① 21.3 ② 37.3
39 ① 61.8 ② 82.8

157쪽 | 완성

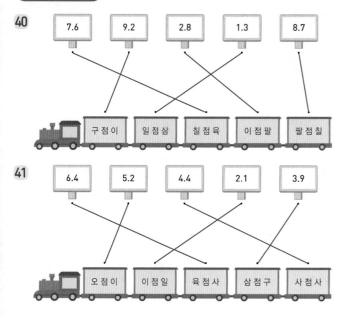

40 [7.6] [9.2] [2.8] [1.3] [8.7]
구 점 이 | 일 점 삼 | 칠 점 육 | 이 점 팔 | 팔 점 칠

41 [6.4] [5.2] [4.4] [2.1] [3.9]
오 점 이 | 이 점 일 | 육 점 사 | 삼 점 구 | 사 점 사

+문해력
42 8, 5, 8.5 / 8.5

41회 소수의 크기 비교

158쪽 | 개념

1 <
2 >
3 <
4 >

5 28, 27 / >
6 31, 45 / <
7 69, 64 / >
8 86, 91 / <

159쪽 | 연습

9 ① < ② <
10 ① < ② >
11 ① > ② >
12 ① > ② <
13 ① < ② >
14 ① > ② <

15 ① > ② >
16 ① > ② >
17 ① > ② <
18 ① < ② >
19 ① < ② <
20 ① > ② <
21 ① > ② <

160쪽 | 적용

22 □ / ○
23 ○ / □
24 □ / ○
25 □ / ○
26 ○ / □
27 ○ / □
28 □ / ○

29 0.9 / 0.2
30 1.1 / 0.4
31 5.8 / 3.9
32 7.9 / 6.5
33 8.4 / 6.8
34 11.2 / 10.1

6단원

35

+문해력
36 14.6, >, 13.8 / 연필

13 영 점 일, 일 점 일
14 영 점 사, 삼 점 사
15 영 점 팔, 사 점 팔
16 영 점 구, 오 점 구
17 ① 0.4 ② 0.7
18 3.5
19 7.2

20 ① > ② <
21 ① < ② <
22 ① < ② >
23 ① > ② <
24 ① > ② <
25 ① < ② >
26 ① > ② <

42회 평가 A

1 $\frac{3}{4}$, 4분의 3

2 $\frac{2}{6}$, 6분의 2

3 $\frac{5}{8}$, 8분의 5

4 $\frac{1}{4}$, 4분의 1

5 $\frac{2}{3}$, 3분의 2

6 $\frac{1}{10}$, 10분의 1

7 ① < ② >
8 ① < ② >
9 ① < ② >
10 ① > ② <
11 ① < ② >
12 ① < ② <

43회 평가 B

1 예

2 예

3 예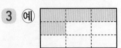

4 3
5 7
6 5

7
8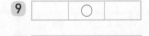
9
10
11
12
13

165쪽

14 ① 3 ② 13
15 ① 5 ② 25
16 ① 4 ② 64
17 ① 8 ② 78
18 ① 0.2 ② 5.2
19 ① 0.6 ② 4.6
20 ① 0.7 ② 10.7

21 0.8 / 0.4
22 4.3 / 2.6
23 4.2 / 3.6
24 9.6 / 6.6
25 10.9 / 9.8
26 12.1 / 11.4

167쪽

13 12÷3=4 /
  12÷4=3
14 48÷8=6 /
  48÷6=8
15 7×8=56 /
  8×7=56
16 ① 7 ② 9
17 ① 6 ② 8
18 ① 5 ② 9
19 ① 4 ② 8

20 ① 80 ② 46
21 ① 156 ② 128
22 ① 85 ② 78
23 ① 64 ② 81
24 ① 536 ② 516
25 ① 406 ② 395

6단원

44회 1~6단원 총정리

166쪽

1 ① 397 ② 578
2 ① 555 ② 938
3 ① 643 ② 1372
4 ① 226 ② 234
5 ① 137 ② 195
6 ① 544 ② 575

7 선분 ㄱㄴ(선분 ㄴㄱ)
8 반직선 ㄷㄹ
9 각 ㅁㅂㅅ(각 ㅅㅂㅁ)
10 나
11 다
12 가

168쪽

26 ① 78 ② 6, 5
27 ① 4540 ② 3, 50
28 ① 200 ② 7, 30
29 3시 43분 39초
30 4시간 17분 20초
31 3시 33분 22초
32 1시간 36분 43초

33 $\frac{1}{3}$, 3분의 1
34 $\frac{4}{9}$, 9분의 4
35 $\frac{3}{6}$, 6분의 3
36 ① > ② >
37 ① < ② <
38 ① < ② >
39 ① > ② <

실수를 줄이는 한 끗 차이!
빈틈없는 연산서

· 교과서 전단원 연산 구성   · 하루 4쪽, 4단계 학습   · 실수 방지 팁 제공

수학의 기본 큐브

큐브 개념

초등 수학
2·1

실력이 완성되는 강력한 차이!
새로워진 유형서

· 기본부터 응용까지 모든 유형 구성
· 대표 예제로 유형 해결 방법 학습
· 서술형 강화책 제공

초등 수학
2·1

개념 이해가 실력의 차이!
대체불가 개념서

· 교과서 개념 시각화 구성
· 수학익힘 교과서 완벽 학습
· 기본 강화책 제공

큐브 연산

정답 | 초등 수학 **3·1**